广西民族大学民族学专业
广西本科高校特色专业及实验实训教学中心建设项目资助出版

# The history of anthropology

# 人类学史

郑一省◎编

世界图书出版公司
广州·上海·西安·北京

**图书在版编目（CIP）数据**

人类学史 / 郑一省编. —广州：世界图书出版广东有限公司，2020. 1
ISBN 978-7-5192-7188-6

Ⅰ. ①人… Ⅱ. ①郑… Ⅲ. ①人类学 Ⅳ. ①Q98

中国版本图书馆CIP数据核字（2020）第019299号

---

**书　　名**　人类学史
　　　　　　RENLEIXUE SHI
**编　　者**　郑一省
**责任编辑**　程　静
**装帧设计**　米非米
**责任技编**　刘上锦
**出版发行**　世界图书出版有限公司
　　　　　　世界图书出版广东有限公司
**地　　址**　广州市新港西路大江冲25号
**邮　　编**　510300
**电　　话**　020-84451969　84453623　84184026　84459579
**网　　址**　http://www.gdst.com.cn
**邮　　箱**　wpc_gdst@163.com
**经　　销**　各地新华书店
**印　　刷**　广州市迪桦彩印有限公司
**开　　本**　787 mm × 1092 mm　1/16
**印　　张**　11.25
**字　　数**　182千
**版　　次**　2020年1月第1版　2024年1月第3次印刷
**国际书号**　ISBN 978-7-5192-7188-6
**定　　价**　45.00元

---



咨询、投稿：020-84451258　gdstchj@126.com

# 目　录

# 导　论

## 第一节　人类学的定义与学科体系

人类学这个学科的内涵是十分丰富的，因为它不仅研究人类本身的社会及其文化，还对与人相关的灵长类动物进行深入的研究。人类学既有社会科学的特征，又与自然科学紧密相连，是一个边缘学科。

### 一、人类学的定义

人类学是研究人类的体质和社会文化的学科。一般认为，亚里士多德首先提出了一个关于“人类学家”的定义，即他在《尼各马可伦理学》中描写一位心灵崇高的人时，称他为“一个不喜欢说人闲话，也不喜欢炫耀自我的人”，并称他为“人类学家”。

人类学有广义和狭义之分。广义的人类学研究的是过去的人种、文化以及社会类型。而关于这些研究对象的资料不仅大量地来自对世界各民族的了解，还来自游记、历史记载和考古发现。狭义的人类学研究的是人类的某一具体方面和内容，即从人类的体质、社会和文化等具体方面对人类进行研究，从而产生诸如体质人类学、文化（社会）人类学等学科。

### 二、人类学的学科体系

人类学是研究人类的自身起源、发展和演变情况及其规律的一门学科，同时又是研究人类所创造的物质文化和精神文化的起源、发展和演变的一门学科。前者是体质人类学，属于自然科学的范畴；后者是文化（社会）人类学，属于社会科学的范畴。因此，整个人类学被认为是一门兼有自然科学和社会科学属性的边缘学科。

人类学可以分为几个次学科，具体如下图。

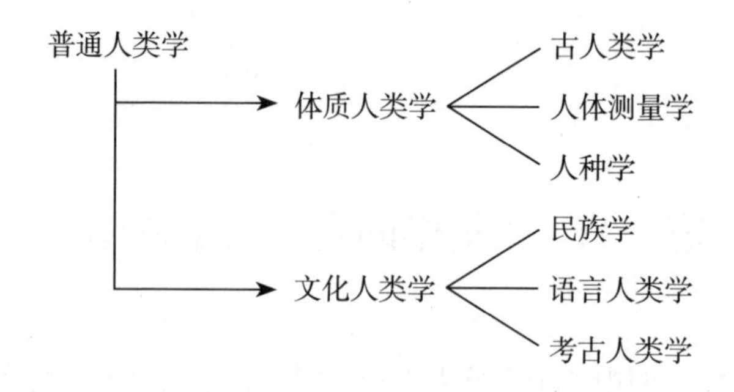


正如上面所说，人类学是研究人类的体质和社会文化的学科。有关人类学的知识资料从古代起就有大量积累。随着近代欧洲资本主义的发展和“地理大发现”，西方资本主义国家不断开拓市场和殖民地，各地土著居民集团体质形态的不同和文化特点的差异引起了人们的注意。对这些现象的研究导致一门新学科的兴起。人类学作为独立学科形成于19世纪中叶。

## 第二节　近代人类学与现代人类学的区别

人类学的发展过程中有一个非常重要的转折，就是从近代人类学向现代人类学的转变。这是大家必须要有所了解的。下面我们来谈谈这两种人类学。我们发现，如果把近代人类学和现代人类学分开来谈，可能并不容易理解。要对它们有更好的认识，最好还是比较它们之间的差异，看看它们之间有什么区别。

### 一、草莓部落的故事

在谈近代人类学和现代人类学的区别之前，我们先讲一个草莓部落的故事。这个故事是这样的：

在一个原始部落迎来草莓收获季节的时候，一位来自纽约的商人史密斯先生带着他的一项计划来到这个部落。他对部落酋长说："我打算资助您的部落100万美元用于修建通往山外的公路，但有两个条件希望您能同意：第一，您的部落把现在的1000亩草莓种植面积扩大到5000亩，按照您部落的劳动力人口，我想这是可以做到的。第二，您与我公司签订购销合同，所有的草莓都由我公司收购，价格由市场来定，如果价格过低，那么可以由我公司进行保本补贴。"酋长随后召开部族大会，所有成员一致反对接受史密斯的资助和条件。

纽约的商人史密斯先生听到这个消息后，十分不理解这个原始部落的决定。于是他找到这位酋长并对他说：难道你们不想富裕起来？不想追求幸福吗？

一般来说，任何社会的人们都有追求幸福的愿望，关键是对幸福的理解。我们在这里给大家念一念酋长后来对商人史密斯所说的几句话，大家可以从中体会这个部落对幸福的理解：

尊敬的史密斯先生，非常感谢您对我们的好意，但您要知道，公路的修通对我们而言并不是一件好事。它会破坏我们宁静的生活。扩大草莓种植面积，会使我们的部族失去往日的欢乐，我们需要很多时间来唱歌、跳舞、敬拜祖先……

很显然，酋长和部族的幸福观与史密斯先生的幸福观是不一样的。是否幸福并非取决于金钱的多少，有没有汽车和洋房，而是是否有他们自己喜爱的文化氛围。失去了这种氛围，就等于失去了幸福。

这就是某些非主流文化与主流文化之间的区别。当然要真正能够理解某些非主流文化，用"他者"的目光去看问题，就要付出辛勤的汗水，要深入"他者"中间，与"他者"共同生活。

## 二、雷格瑞事件

在这里，再举一个例子来说明现代人类学家是如何用“他者”的目光去看待非西方文化的。雷格瑞事件是人类学中的经典案例。这个事件是这样发生的：

> 雷格瑞是印度尼西亚巴厘岛的村民。有一天，他的妻子突然出走了，失踪了。他很着急，于是就向村议会提出申请，要求村议会派人一起去把他的妻子找回来。但村议会的人认为这件事情对他们村子而言并不重要，所以一直置之不理。雷格瑞实在是气愤啊！他只好自己去找妻子。可是，村里有一项轮值制度，每个人一年当中都有一天是要值班的。正好这一天轮到雷格瑞值班，雷格瑞哪里还管这些，只顾自己去找妻子。雷格瑞没找到妻子，回来后就受到了村议会的惩罚。村议会根据本村的制度，对擅离职守的雷格瑞进行了严厉的处罚，剥夺了他的房产，没收了他的财产，并开除了他的村民资格。雷格瑞因此而深受打击，得了精神病，没人理睬，成了流浪汉。

故事的基本情节就是这样的。现在我们需要对这一事件进行评论。究竟是要谴责村议会的这种行为，还是雷格瑞理应受到这种处罚？

一般人应该很同情雷格瑞的遭遇。人们一定会认为村议会缺乏人道主义精神，是应该受到谴责的。一般人的这种眼光应该算是“他者”的目光还是“本己”的目光？在雷格瑞事件中，“他者”是谁？

其实，“他者”不是雷格瑞，而是村议会制度所代表的那个巴厘岛村的文化。这个文化在人类学中被称为“地方性知识”（local knowledge）。这是美国著名人类学家克利福德·格尔茨（Clifford Geertz）提出的一个概念，也是他在一本名为《地方性知识》的书中所体现的一种观念。

克利福德·格尔茨认为，巴厘岛之外的外部世界所运作的那一套知识体系与巴厘岛的文化是格格不入的。他通过这个事件来说明，虽然根据外部的法律，雷格瑞的村民资格应当受到保护，“即使一定要惩罚他的话，也必须改变方式”。但巴厘岛人根据自己独特的意义构想和知识体系解释雷格瑞的行为，恪守自己的规则处理这一事件。这种解释和处理并没有受到外部知识体系的影响：根据村中规则，雷格瑞拒绝自己对村公务的责任，理应剥夺其在巴厘岛的“村民”权利。

以上草莓部落的故事和雷格瑞事件可以用于说明近代人类学和现代人类学的区别，即它们各自所具有的不同特点。

近代人类学的特点是什么呢？它最大的特点就是在观察其他文化的时候采取“本己”的目光。现代人类学的特点是什么呢？与近代人类学相反，它在观察其他文化时，采取的是“他者”的目光。

按照人类学的观点，“本己”的目光又叫客位的目光，而“他者”的目光又叫主位的目光。人类学家在研究不同民族和他们的文化的时候，十分强调主位和客位的观察方法的区分。在人类学的方法中，主位的观点指的是被研究者（也就是局内人）对自身文化的看法，而客位的观点则是指这个文化的局外人的解释。

除“本己”和“他者”的区别之外，近代人类学和现代人类学之间的区别还在于前者持有文化中心和文化等级主义的观点，而后者则坚持文化的互为主体性和文化相对主义。

典型的文化中心主义的例子很多，如中国古代的民族观。那时有“非我族类”的大民族主义观念，对其他少数民族持有“非我族类，其心必异”的偏见，认为少数民族和汉族的价值观是截然不同的。用长城把少数民族排斥在外，在观念上也把少数民族作为另类来看待。那时是没有中华民族这个观念的。这是中国古代的文化中心主义。

19世纪的时候，欧洲的探险家、商人、海盗等看见非洲黑人不穿衣服，就认为他们文化低下，还处在“野蛮状态”，认为自己是先进的，非洲黑人的文化是落后的，认为欧洲是世界文化的中心。近代人类学就是在这种客位的目光下发展起来的。那时，西方人类学家常常把英国、德国和法国的穷苦农民和欧洲以外的其他民族同等看待，把他们的文化看成是低级、落后的文化，认为他们的文化是原始的，那里的人民是未开化的。受达尔文进化论的影响，当时的人类学家也认为这些落后民族经过慢慢进化，也是可以不断进步的，可以从低级发展到高级。

现代人类学与近代人类学相反，它坚持文化的互为主体性。什么是文化的互为主体性？英文里叫“cultural inter-subjective”。它和“他者”的目光有一致的地方，有密切的联系。意思就是用“推人及己”对人的素质形成一种具有普遍意义的理解。用一句俗话来说，就是“他山之石，可以攻玉”。

草莓部落的故事说明什么？在我们认为需要进行现代化建设的一些地方，那里的人认为并不需要，甚至认为现代化实际上是在危害他们的文化。大家学过历史，知道北美的印第安人都有过这样的遭遇，白人通过战争和强迫同化的方式消灭了印第安文化。而雷格瑞事件的发生表明了“普遍性知识”与“地方性知识”的冲突。格尔茨认为，知识的性质是地方性、多元的，因为人们生活所凭借的符号系统是特定、地方化、特殊性的，借助这些符号系统的作用，意义结构才得以形成、沟通、设定、共享、修正和再生。这个系统的作用是甄别日常行为的意义和类别，地方性知识力图维持这些特定的意义系统，并根据它去组织行动。在这里，事件本身传达的意义是独特的，无法运用外部的一般性规则进行“客观”反映，在外部的知识体系中理解和解释这些事件是困难的，甚至往往出现错误。正确的认识途径只能是运用巴厘岛人自己的知识系统去理解他们的事件。

过去这方面的教训很多。有这么一个例子，云南省宁蒗县永宁乡有一个少数民族叫“纳西族”，那里盛行一种“阿注婚”，其实并不是什么婚姻。他们的小社会中没有父亲和丈夫。在那里，男女之间可以自由地同居，当然我们这个社会绝对不能这样。和我们相反，他们认为独占是不可接受的，是一个十分怪异的想法，是要受谴责的。

综上所述，近代人类学与现代人类学的区别就是其观察其他文化时，采取的是“本己”的目光还是“他者”的目光，是采用文化等级主义还是文化的互为主体性，是采用文化中心主义还是采用文化相对主义。

## 本章要点

人类学是研究人类的体质和社会文化的学科。人类学既有社会科学的特征，又与自然科学紧密相连，是一个边缘学科。

人类学的发展过程中有一个非常重要的转折，就是从近代人类学向现代人类学的转变。近代人类学和现代人类学之间的区别除“本己”和“他者”之外，还在于前者持有文化中心和文化等级主义的观点，而后者则坚持“文化的互为主体性”和文化相对主义。

## 复习思考题

1. 人类学的概念及其内涵是什么？

2. 近代人类学与现代人类学的区别在哪里？

3. 你如何看待纳西族的“阿注婚”现象？

## 推荐阅读书目

1. [英]A. C.哈登：《人类学史》，廖泗友译，冯志彬校，山东人民出版社，1988年。

2. [美]E.哈奇：《人与文化的理论》，黄应贵、郑美能编译，黑龙江教育出版社，1988年。

3. [美]克利福德·格尔茨：《文化的解释》，韩莉译，上海人民出版社，1999年。

# 第一章　关于人类学的论战

在欧洲，除地理大发现之外，对人类学最具有影响的事就是论战了。人类学经常被认为是一门有点无政府主义的学科，因为它主张的观点可能对当时欧洲国家和宗教有威胁，而许多观点也在人类学家内部和外部引起了激烈的争论。

## 第一节　人类的起源问题

有关人类的起源问题，欧洲古代的一些哲学家、一元论者和多元论者对此有不同的解释。

### 一、古代哲学家的观点

一些哲学家，如毕达哥拉斯（Pythagoras）、柏拉图（Plato）和亚里士多德（Aristotle）认为，人类自始至终存在，谈不上开始。他们的观点基于这样的看法：没有蛋就没有鸟；没有鸟就没有蛋。

伊壁鸠鲁（Ctlfus）和卢克莱修（Titus Lucretius Carus）等人相信“偶然性”，认为人类是肥沃的泥土经过水的长期孵化而产生的，或者是由天体和星系结合而形成的。

其他的哲学家却认为，人类和动物像蘑菇一样，是偶然地从土地中冒出来的。

### 二、一元论的观点

由于基督教的传播，摩西（Moses）的宇宙起源说得到普遍采用，一元论发展成为人们所信仰的学说，主张全人类是由唯一的亚当和夏娃这一对人产生的。因此，基督教是一元论的主要提倡者。基督教教会对无神论者怀疑亚当和夏娃表示谴责，并把他们说成是异教徒。基督教教会还对根据权威著作推论出人类已存在了6000多年的说法深表不满。

17世纪英国有位神学者莱特富特（Lightfoot）博士在剑桥大学当过名誉副校长。他的结论："人是在公元前4000年10月23日早晨9点由上帝创造出来的"。[①]

## 三、多元论的观点

多元论的观点，即人类存在着众多种族的看法。这种看法从16世纪开始受到广泛重视。西奥弗拉斯托斯·帕拉斯勒斯（Theophrastus Paracelus）于1520年首先提出人类存在着许多种族的看法，并指出摩西的宇宙起源学说是"神学的—为软弱同胞写出来的"。瓦尼尼（Vanini）于1616年提出人类是由人猿发展而来的，或与猿猴同类。1655年，法国的伊萨克（Lsaac de la Peyrere）出版了《亚当之前的人类》，证明了亚当和夏娃不是首先出现在地球上的人类。虽然书中所出现的这些证据是建立在《圣经》基础上的，但他的作品还是被当局列为禁书。

多元论观点产生的原因，一是16世纪新大陆的发现，欧洲人在向世界其他地区的扩张中接触到许多不同人种的民族；二是百科全书派，如伏尔泰和卢梭著作中所主张的自由思想，以及林奈的分类著作大大鼓励了多元论者；三是语言学中所体现出来的多样性，使多元论者发现了"语言就是种族的一种标志"。

人类的起源问题一直是欧洲争论较为激烈的问题之一。这一激烈的争论产生了由一元论和多元论组成的两个对抗的堡垒。英国的普里查德（Evans Pritchard）、法国的居维勒（Cuvier）和戴格特里法日（Quatrefages）代表一元论，而英国的弗利（Virey）和法国的圣文森特·波雷（Bory de Saint Vincent）等代表多元论。一元论是正统派，主张全人类是由唯一的一对人产生的，而多元论主张多种起源。当时大多数人类学家都是一元论者，认为人类都是由唯一的一对人传下来的。不过，他们也对圣经中的某些解释有些怀疑，对自然界的某些变异现象也有不同的看法。比如，林奈相信物种固定论，但他作为植物学家，觉得一

---

① ［英］A.C.哈登：《人类学史》，廖泗友译，冯志彬校，山东人民出版社，1988年，第44页。

个国家特殊的自然环境不可能提供所有的动物种类，如彼此相对立的北极熊和热带的河马。

## 第二节 人类的进化问题

这是达尔文（Darwin）之前的有关人类进化的讨论。人类是从什么动物进化而来，而作为人类本身的种族之间是否有差异？这些也是当时人类学论战中所探讨的重要问题之一，其主要的争论体现在多个方面。

### 一、人类是否有变化？种族是否有差异？

在基督教世界，人们普遍认为，人类自古以来是一成不变的，即“物种固定论”。但随着人类学研究的发展，人们发现人类存在着变种的现象。

拉马克（Lamarck）最先清楚地阐明了一种有逻辑的进化论，即生物演化论或演变适应论。他认为物种不是固定不变的，复杂的物种是从人类存在之前的简单形式发展而来的。

居维勒是法国的比较解剖学和自然历史的教授，是拉马克的主要对手。他主要支持再生论和灾变论，反对进化论和变异的理论。他认为，整个宇宙起源于剧烈的革命，包括摧毁一切事物和属于过去时代的全部生物。拿破仑时期远征埃及的科学探险用1801年带回到法国的证物支持了居维勒的观点。它们是一些化为木乃伊的动物，有3000—4000年的历史，当时与现在的动物类型相比没有明显的差别。有人认为这一事实推翻了进化论，证明了物种是固定不变的。

不过，罗伯特·钱伯斯（Rohbert Chambers）于1844年出版了一本对达尔文以前的进化史有巨大影响的著作，书名为《自然创造史的痕迹》。在该书中，他回顾了一般规律在整个宇宙中的生长和发展的作用，并认为动植物上有各种各样的物种是由于未知法则和外部环境的影响才形成的，即“自然的”。自然痕迹立刻成为科学讨论的中心问题。罗伯特·钱伯斯的这本书阐释了后来被称之为“达尔文理论”的许多论据，并通过自然法则清楚地确立了进化论的概念。

关于种族的差异，威廉·劳伦斯（Willam Lawrence）认为这可以由两项原则作出解释。其一是自然的种族类型或有缺陷的人种偶然生出与父母的不同特征的后代（如返祖现象的毛孩子）；其二是这些人种一代一代地遗传下去，便形成不同的人种差别。劳伦斯还认为，动植物的家养驯化可以产生先天和可遗传的变种。那么人类自身呢？

## 二、人与动物的关系、物种的变化原因

詹姆斯·伯内特·蒙波多（James Burnett Monboddo）公爵是一个见解超出他的时代的预言家。他对人类与猴子的关系理论有独特的看法。他被当时大量关于“有尾巴的人”的资料所吸引。他把人类看作一种动物来研究，对野蛮人也进行了研究，以便阐明文明起源的问题。

拉马克认为，人类是某些猿猴缓慢演变的产物。物种的变化原因主要归于人类生活的自然条件，也归于种族杂交，尤其是归于器官机能的使用。器官机能使某些物种发生变化——得到发展或衰退。他还认为，个人身上由于环境关系所产生的变化会遗传给后代。拉马克的这种看法发表于1801年，1809年又在其著作《动物哲学》中得到系统的论证。

布丰（Buffon）也认为人类是有变种的，这种变种的现象是由于气候和食物的影响造成的。而普里查德认为偶然变化的遗传在某种程度上可能引起种族的多样性。

在达尔文以前的进化论者中，赫柏特·斯宾塞（H. Spencer）是另外一个伟大的人物。大约在1850年，他写道：“有机体进化论的观点已在我们的思想中深深地扎下了根，其结论来自大量的证据。这些证据不是从许多特殊的实例而来，而是从有关机体性质的一般方面而来，是从特别创造的假设遭到反对、进化论的设想被接受的必然性而来。多年以前，特别创造这个主张就从我的思想中清除了，我不能处于悬而未决的状态，接受唯一可能的选择是完全必要的。”

有关人类进化问题的争论，到达尔文的《物种起源》出版时，科学见解大致分为两个对立的阵营：一个阵营代表古典派、保守派、灾变派和创世派，主张种族固定论，并认为一切物种都是由上帝创造的；另一个阵营代表进化论者或嬗变适应论者的观点，反对特别创造论，认为所有物种是通过某些未知法则由其他物种演变而来的。

## 第三节　人类的其他问题

除人类的起源、人类的变种和种族差异等问题之外，人与猿猴的异同、黑人在自然中的地位等问题，也是当时人类学论战中所涉及的。

### 一、人与猿的异同

自拉马克在1801年公开发表进化论，人与猿的“自然关系”便成了热门的学术问题。支持进化论的人指出，猩猩与人的演化阶段可以从“颜面角”这个脸部特征看出来。

英国解剖学家欧文（Owen）证明，非洲黑猩猩也有幼齿与成年之别。他认为，以前欧洲的解剖学家从来没有报告过成年黑猩猩的解剖学。因此，过去的黑猩猩颜面角也是从幼齿身上测量来的。他指出，幼齿黑猩猩与人的相似程度很高。(见图1–1左)

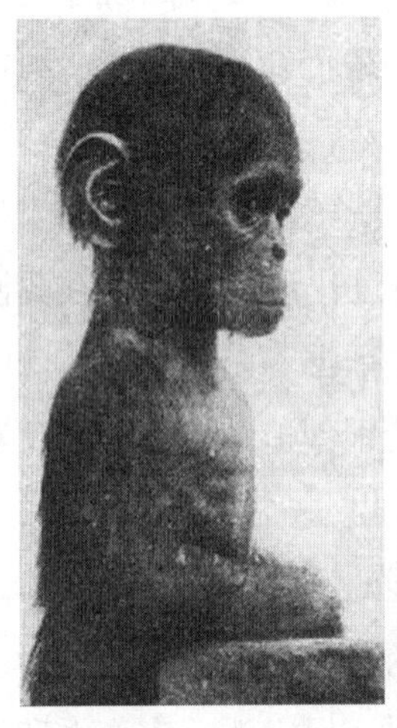

**图1–1　幼齿黑猩猩（左）与成年黑猩猩（右）**

这些幼齿黑猩猩不只额头和上下�额的形态与人类相似，脑量与体重的比例也与人的婴儿接近。这些“人性”在幼齿黑猩猩身上并不是常态，它们一长大，就现出“猿形”了。

拉马克说明了人的颜面特征怎么从猿的状态演变而来。他的依据是“用进废退说”。按他的看法，红毛猩猩与人最接近。因为红毛猩猩在地面上可以和人一样地直立行动。他认为红毛猩猩从树上下地生活之后，习惯成自然地以两足在地面直立行动。这种行动姿势有一个好处：站得直、望得远，既扩大警戒范围，又能拉长侦察距离。因为猿类必须使用牙齿当武器，所以上下额特别突出。而人的祖先能够远望，攻守两便，知所趋避，斗智不斗力。斗智“用”脑，脑量就增“进”了。人因不再依赖牙齿保护自己，于是上下额便退缩回去。

## 二、黑人在自然界中的地位

有关黑人在自然界中的地位问题，在欧洲，尤其是在美国，人们进行了激烈的辩论，探讨了黑种人与白种人在解剖学和心理学上的差别和联系问题。美国人类学家詹姆斯·亨特（James Hunt）于1863年写了题为《黑人在自然界的地位》的论文。他认为，黑人在智力方面比不上欧洲人，猿人和黑人的相似性比猿人和欧洲人的相似性要大得多。黑人做欧洲人的部下时比在任何环境下都更富人性。只有欧洲人才能使黑人具有人的属性，才能使他们变得文明。不过，欧洲人的文明不适宜于黑人的要求和性格。

1900年，美国出版了一本据说在南方各州很畅销的书——《野兽》(又名《在上帝的想象中》)。这本书流露出强烈的种族主义色彩。该书认为：“黑人并不是诺亚次子含姆的子孙。黑人是野兽，但发音清晰，长有双手，是他们的主人——白种人有用的工具。”对于这种看法，美国政论家博厄斯1909年发表《美洲的种族问题》一文。他认为：“黑人在体质上和智力上不同于欧洲人。然而，说这些差距表明黑人低劣毫无根据……因为上述这些种族差别程度，并不比在任何其他种族（无论白种或黑种）中变异幅度大。对美国黑人的解剖情况，人们知道的还不多。尽管有人常常断言黑、白人种混血儿具有遗传性的低劣因素，但实际上我们对这个问题几乎一无所知。”[①]

---

① 弗朗兹·博厄斯:《美洲种族问题》,《科学》新刊1909年第29期，第848页，转引自［英］A.C.哈登:《人类学史》，廖泗友译，冯志彬校，山东人民出版社，1988年，第61页。

有关黑人在自然界中的地位问题，其实是由奴隶制问题引起的。也就是说，这个问题的争论起因于政治。因为人类学主要探讨种族问题，所以人类学家很快卷入这场争论。从这场争论来看，大多数人类学家都支持废奴主义者的事业。

## 本章要点

人类的起源问题一直是欧洲争论较为激烈的问题之一。这一激烈的争论产生了由一元论和多元论组成的两个对抗的堡垒。人类是从什么动物进化而来？作为人类本身的种族之间是否有差异？这些也是当时人类学论战中所探讨的重要问题。此外，人与猿猴的异同、黑人在自然中的地位等问题，也是当时人类学论战中所涉及的。

## 复习思考题

1. 一元论者和多元论者对人类的起源有何不同的解释？

2. 在有关人类是否有变化，种族是否有差异的辩论中，拉马克与居维勒各自有何见解？

3. 有关黑人在自然界中的地位问题，其实是由什么问题引起的？

## 推荐阅读书目

1. [苏] 托卡列夫：《外国民族学史》，汤正方译，中国社会科学出版社，1983年。

2. 汪子春、田铭、易华：《世界生物学史》，吉林教育出版社，1997年。

3. [苏] 罗金斯基、列文：《人类学》，王培英、汪连兴、史庆礼等译，警官教育出版社，1993年。

# 第二章　化石人类学发展史

人类学借助于考古和地球上的生物进化时间表，从而能确定人类的起源之地。人类的起源地是多个的，那些既有热带也有亚热带、温带的陆地地区应该都是人类起源之地。古代人类的发现，主要通过对人类遗骨及其化石的发掘来实现，而对于人种分类主要由各种族间的亲缘关系、亲缘程度等方面来确定。

## 第一节　古代人类的发现

### 一、什么是人的标志？

自古以来，人就有着各种定义。古希腊的柏拉图说，人是“没有羽毛的两足动物”。他的一位同事和他开玩笑，从市场上买了一只去毛的鹅，拿到学院里说：“这是柏拉图的人。”从此人有了一个绰号叫“柏拉图的鹅”。

1871年达尔文在《人类起源和性选择》一书中提出：人类的特征是两足直立行走、大的脑子和高的智力。达尔文的这些解释较客观地描述了人与动物相区别的主要特征。这些人类的特征不仅是古代人所拥有的，而且也是现代人所具有的。

### 二、人类起源的时间和演化

人类的历史是从人类的出现开始的。人类起源于何时？怎样从动物演化而来？要弄清这些问题，先要了解地球历史各个阶段的分期。

### （一）地质年代和生物的演化

根据目前掌握的科学资料，地壳的形成已经有46亿年的历史。地史学家根据古生物的演化和地壳的运动，将地球的历史分为五个大阶段：

第一阶段是太古代（距今46亿年）。这个阶段出现了极低等的生物，主要是菌藻类。

图2–1　藻类生物

图2–2　海洋藻类生物

第二阶段是元古代（距今24亿年到5.7亿年）。到元古代的晚期，原始的腔肠动物、软体动物和节肢动物等多细胞的动物也开始产生了。

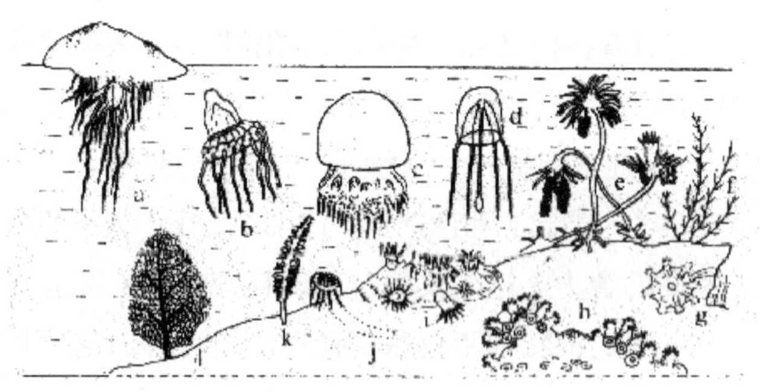


a.僧帽水母　b.黑伞水母　c.海蜇　d.长管水母　e.简蝗
f. 羽螅　g. 喇叭水母　h.石珊瑚　i.海葵　j.角海葵
k.海鳃　l.柳珊瑚

**图2–3　原始的腔肠动物、软体动物、节肢动物等多细胞生物**

第三阶段是古生代（距今5.7亿年至2.5亿年）。这个阶段又可分为六个纪，即寒武纪，它是三叶虫繁盛的时代；奥陶纪，笔石（一种腔肠动物）在这时占重要的地位；志留纪，鱼类开始出现；泥盆纪，鱼类进入了全盛时代，而三叶虫到这时渐趋灭亡；石炭纪和二叠纪，这时除许多动物之外，植物的生长也很茂盛，许多地方都布满了浓密的森林。

图2-4　笔石动物

第四阶段是中生代（距今2.5亿年至6500万年）。这个阶段分为白垩纪和侏罗纪。这个时期的白垩纪是恐龙的世界，但到了中生代的末期，恐龙就逐渐衰亡了；出现了最古老的鸟类——始祖鸟，并且出现了最早的哺乳动物。

图2-5　始祖鸟

第五阶段是新生代（距今6500万年）。这是个高等动物的时代，分为第三纪和第四纪两个纪。第三纪是哺乳动物的世界，这时出现了许多兽类。在第三纪的始新世之初，开始出现灵长类。到了渐新世，从灵长类中发展出最早的猿类。进入中新世，有多种古猿生息，在非洲、亚洲和欧洲的土地上，其中最主要的有原上猿、埃及猿、森林古猿、南方古猿等。到第三纪和第四纪之交，终于产生了人类。

### （二）人类如何从猿猴演变为人

图2–6　从猿到人的进化图

根据达尔文的进化论，人是猿猴演变而来的。由于从猿到人是一个漫长的历史发展过程，因此我们无法获得从猿猴到人的现实演变实验，只能依据考古，根据生物学上的某些知识来推论。我们无法获得从猿猴到人的所有古代遗留资料，只能有间断性、残缺不全的考古发现，还要借助人类的其他知识甚至是假设来推论。如果所利用的知识本身就是不确定、不全面的，那么也就无法保证所得出的结论是正确、完整的。这是达尔文当初研究生物进化所遇到的最大的困难，也是当今生物学家、人类学家所遇到的最大的困难。

推论从猿猴演变到人的过程的办法只有一个，那就是在大自然的本质规律中找出这种演变的必然根据。在第五阶段的新生代的第三纪的始新世之初，开始出现灵长类。到了渐新世，从灵长类中发展出最早的猿类。

在这里，我们在推论从猿猴变人的过程之前，应该先推论猿猴这种动物的产生过程。我们可以设想，在地球的始新世纪，地球上已生长出了许多果树。果子熟了，掉在了地上。某些动物吃过后，便喜欢上了这种食物。当然，果子比花草叶子好吃多了。它们抬头望着树上的果子，垂涎欲滴，见有些果子离地面很近，便将上半身搭在树干上，伸着脖子，张嘴去咬那些果子。它们本来像猪狗等动物靠嘴来找吃的东西，可是嘴碰到果子，果子就晃开了。它们就本能地伸出一只前爪想办法不让果子动。啊，果子真好吃啊，它们便决定以果子为食物了。为了吃到果子，它们必须搭着树干，将身子立起来，将前肢伸出去，用爪子钩住果子。就这样，慢慢地，它们的后肢变得粗壮了，也长了，腰部也有力了，前肢也变长了，爪子也大了，爪趾也长了，灵活了，逐渐地能够爬到树上去了，并上下左右地移动着。逐渐地，它们的前肢变得更长了，爪趾也变得更长了，几乎有了“手”的样子，能够将果子摘下来吃了。这时候，原来向前凸起的嘴也变短了，脖子长了一些，变得灵活了。长时期灵敏的活动和果子的营养，使他们的大脑也有了发展，眼睛也变得明亮了。就这样，它们努力地征服果树，一直到能够非常灵活地在树上爬来爬去，可以完全以果子为生。而它们的身体结构也不同于猪狗那类不会爬树的动物，而是变成了猴子那样的动物——猿猴。

根据考古所获得的化石资料，在众多猿猴中有几群生活在树上的“攀树的猿群”。人类学者认为它们是人类和现代类人猿的共同祖先。这些“攀树的猿群”即原上猿、埃及猿和森林古猿。原上猿是目前所知道的最早的古猿。它的化石是1911年在埃及法雍发现的，其生存年代为距今3500万年至3000万年。埃及猿是1966—1967年在埃及法雍发现的另一种古猿化石，生存年代约为距今2800万年。森林古猿的化石最早是1856年在法国圣戈当的中新世地层中发现的。同一地层的动植物遗存说明这种古猿生长在树木茂盛的热带和亚热带的森林中，以吃树叶和果实为生，因此命名为森林古猿。森林古猿的化石分布于欧、亚、非三大洲，其生存年代为距今2300万年至1000万年。

动物学家认为，猴类动物一定是在亚热带地区演化成的。在亚热带，四季常春，森林茂密，有许多种的果树，一年基本上都有果子可吃；即使有青黄不接的时候，时间也短，有许多其他植物可以吃，是猴类演化的最好环境。果子营养丰富，爬树使它们很容易地摆脱老虎、狮子等食肉动物的捕杀。因此，猴子大量地繁衍着，数量剧增。为了争抢果树，猴子经常相互争斗，争斗很剧烈，即使不饿死，也会被打死。有些被赶出来的猴子只能到新的地方想办法生存。就这样，猴子、猿、猩猩等动物的活动范围越来越大，从亚热带扩大到了温带。

随着猴子数量的增加，储藏的果子越来越不够吃，特别是在早春时候，几乎没有果子了。这就迫使它们开始寻找其他的食物，也就迈出了向人类进化的第一步。除了果子，还有什么可吃呢？ 有植物的块茎，、穗粒，后来，又有坚果类，还有小动物。逐渐地，果子不再是它们唯一的主食。它们也只在秋天果子成熟后，将果子摘下来储藏起来。因为不再只靠果子为生，所以活动范围更大了，可以离开森林了。在那个时候，它们已经可以双腿站立了，但还不会直立行走。为了寻找地面上的食物，它们必须靠长的前肢和灵活的爪子。这样，它们就只能靠后肢走路。经过一代又一代的演化，后肢变得更长、更粗壮，身体外形已几乎成了人类的样子。它们不再是猿猴类，而是变成猿人了。这些猿人被称作“正在形成中的人”，其形成的时间距今700多万年。虽然对早期正在形成中的人还存在着许多争论，目前能够确认的最早的正在形成中的人是在非洲发现的南方古猿。

可见，生物是在为满足其生理需求而去适应环境的行动中演变发展的。人是动物为了生存而演变形成的最高级的生命形态。

因此，关于人类如何从猿猴演变为人，可以得出以下的论断：

（1）猿猴类动物生成于热带、亚热带树林里。而人类生成的地方应该在亚热带和温带。猿猴类动物是在某种喜欢吃果子的动物征服果树的过程中形成的。在远古时代，热带应该是果树最多的地方，最适合它们的演化。

（2）按照上述猿猴演变成人的迁徙过程，只有那些有亚热带、温带的陆地才具备生成人类的自然条件。凡是具备这样的条件的地区都有可能是人类的起源地。如果地球上只有一个这样的地区，那么人类的起源地就是同一个；如果地球上有不止一个这样的地区，那么人类的起源地就是多个。东亚、中亚、东欧、非洲都是既有热带也有亚热带、温带的陆地。因此，这些地区应该都是人类起源地。我们应该仔细地研究世界各地的自然环境和猴类、大猩猩等动物的活动区域，借助于考古和地球上的生物进化时间表，从而能确定人类的起源之地。

## 三、人类遗骨及其化石

古代人类的发现，主要是通过对人类遗骨及其化石的发掘来体现。不过，人类是由上帝创造出来的论断，在欧洲已盛行了几千年。由于当时的科学技术还不够先进，致使人们对地球的认识不够，因此，发现人类化石对当时大多数人来说是难以置信的，所以早期的许多欧洲学者大都否认人类化石的可能性。比如，居维勒曾把地球的年龄局限于传统认为的6000年，认为人骨的化石是不存在的。

然而，自18世纪以来，欧洲、非洲和亚洲等地方陆续发现了人类的遗骨或化石，不仅逐渐改变了人们认为地球上不存在人骨化石的观念，而且为人类社会认识其自身，全面地了解古代人类的生活及活动情况提供了许多证据。

## （一）欧洲发现的人类遗骨及化石

**坎斯他德特（Cannstadt）头盖骨**

这是欧洲最早发现的人类化石，发现时间是1700年。坎斯他德特头盖骨发现的地点是德国的坎斯他德特地区，发现者是德国的埃伯哈德（Eberhard）公爵。坎斯他德特头盖骨的化石特征，被认为属于史前“种族”。

**尼安德特人（Homo Neanderthalens）头盖骨**

1856年，在普鲁士蓝尼斯（Rhwnish Prussia）迪斯谢尔河（Dussel）右岸上的尼安德特小深谷的菲路荷芬（Feldhofeu）洞穴里，发现了一个头盖骨和其他遗骨，这在当时引起了极大的轰动。尼安德特人属于早期智人，以后在非洲等地也均有发现，统称为“尼安德特人”。

尼安德特人生活在距今30万至20万年。根据现有的资料来判断，尼安德特人骨骼粗大，肌肉发达，但个子不高，男子只有1.55米至1.56米。由于身材较矮，脊椎的弯曲也不明显，因此，他们很可能是弯着腰走路，跑步时身体略微朝向地面。尼安德特人头骨的特征：前额低而倾斜，好像向后溜的样子，眉峰骨向前凸出很多，在眼眶上形成整片的眉脊。尼安德特人的脑部已经非常发达，脑容量约达1230毫升。尼安德特人使用较为进步的打制石器，过着狩猎和采集的生活。这表明，当时的人类在同大自然的斗争中已有了较大的发展。

图2–7　尼安德人

**克罗马农人（Cro Magnon）**

因1868年被发现于法国多尔多涅省的克罗马农洞而得名。分布在德国、英国、意大利、捷克、斯洛伐克和北非的一些地方。地质时代属晚更新世。

狭义的克罗马农人，仅指克罗马农洞中的人类化石。克罗马农洞的遗骸至少代表5个个体，可能是晚期奥瑞纳文化或佩里戈尔文化时期埋葬的。

图2-8 克罗马农人的生活图景

图2-9 克罗马农人

发现的一具老年男性头骨化石保存完好，脑量在1600毫升左右；从肢骨来看，身材高大，肌肉发达。男的身高约180厘米，女的身高约167厘米。属于欧洲晚期智人阶段的人类化石。关于克罗马农人群的起源问题，现在尚未得出定论。

**海德堡人（Homo Heidelbergensis）**

1907年，在德国海德堡（Heidelberg）附近的莫尔沙床中发现一块结实而较大的下颌骨化石。据考证，海德堡人化石距今50万至40万年。就外表而言，保留着许多原始特征，骨骼粗大，下颌支短宽，下颌切迹线平直，舌面中部凹陷，咀嚼肌的附着面特大。[①]

图2-10 海德堡人

海德堡人过着集体劳动、共同消费的生活，依靠集体的力量生存。在男女之间可能已经有了自然分工，男子从事狩猎，妇女从事采集，老人照顾孩子。

### （二）亚洲发现的人类遗骨及化石

**直立爪哇猿人（Pithecanthropus Erectus）**

1891年，荷兰籍医生杜波依斯（Dubois）在爪哇中部的考古发掘中发现了一

① 有关海德堡人骨化石，有人提出，如果该下颌既不是人类的，也不是类人猿的，那么它就是远祖的遗骨。远祖一方面传下人类，另一方面传下类人猿。舍坦莎克（O. Schoetensack）博士把海德堡人看成上新世晚期或更新世早期的人类，但沃思（E. Werth）博士却把他们归入冰河时代中期的人类。

块头盖骨化石和一颗牙齿化石。次年，他又在同一地层找到了一根完整的大腿骨及两颗牙齿。根据这些化石的特征，他认定这是从猿到人过渡中的能直立行走的“直立猿人”，从而在世界上引起了一场关于人类起源的激烈争论。

**图2-11　直立爪哇猿人**

爪哇猿人是最早发现的晚期猿人，经测定，大约生活在距今80万年以前。他的头颅形态比较原始，很像猿，眉脊突出，前额低平，脑容量为750—900毫升。因为他的大腿骨和人非常相像，已经能够直立行走，所以爪哇猿人被命名为“直立猿人”。爪哇猿人的发现进一步证明了人是从猿进化而来的，为解开人类起源之谜提供了极好的证据。

**北京猿人**

1918—1929年，古人类学家贾兰坡等人在北京周口店龙骨山发掘出许多哺乳动物化石，以及两颗人的牙齿和一块完整的原始人头盖骨（据说有5个）。

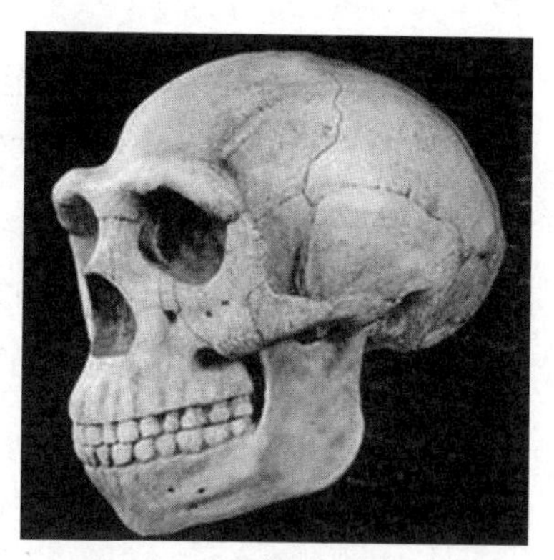

**图2-12　北京猿人头盖骨化石**

中华人民共和国成立后，人类学家和考古学家又进行过多次大规模发掘，清理出40多个男女老少的北京猿人化石，100多种动物化石，10万余件各种石器。根据发掘的地点，科学家们把这种原始人类定名为“北京人”，把这座洞穴称之为“北京人遗址”。“北京人”已懂得用火烤食猎物和取暖防寒。“北京人”居住的周口店即以中国猿人之家闻名于世。

**元谋猿人**

1965年，在云南省元谋县上那蚌村发现了距今170万年的两颗早期人类的牙齿化石，以及10多件粗糙的打制石器。

元谋人的牙齿形态特征和北京猿人的门齿相近，但又具有近似南方古猿的原始特征。由此可以推想，元谋猿人长得和北京猿人差不多，或许更原始一点，更像古猿。元谋人前后肢已经分工，前肢从爬行中解放出来，成为能够制造和使用工具的手。他们在密林中采摘果实，追猎野兽，还能蹒跚地直立行走。元谋猿人是迄今在中国发现的最早的人类遗存之一。

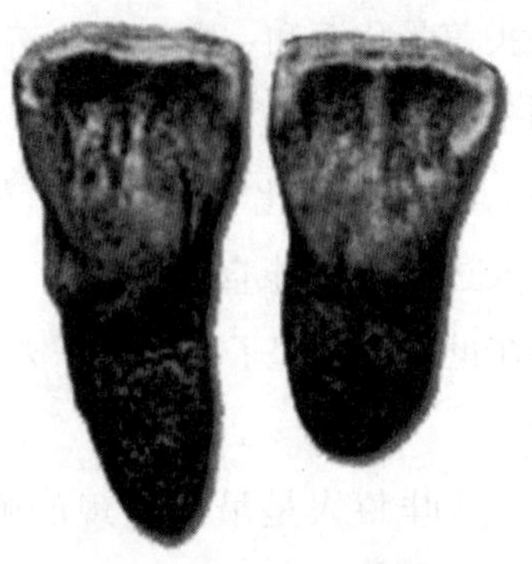

图2-13　元谋猿人牙齿化石

### （三）非洲的人类遗骨及化石

**汤恩幼儿（Taung Child）头盖骨化石**

1924年，英国教授雷蒙德·达特（Raymond Dart）在南非中北部的汤恩村附近的采矿场发现一块小孩的头骨化石。从这个头骨化石看，它是一个雄性幼儿，相当于现代6岁或更年幼的孩子。

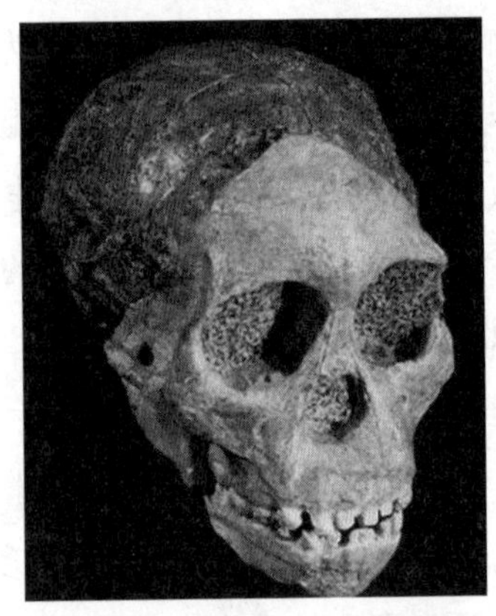

图2-14　汤恩幼儿头盖骨化石

该化石年代为距今250万至200万年。1925年2月7日，雷蒙德·达特将其发现发表在《自然》杂志上。他将这一化石命名为南方古猿非洲种，认为它是介于类人猿和人类之间的一种原始人类，即“人类发展缺失的环节”。

**“露茜”（Lucy）化石**

1974年，美国的约翰逊在埃塞俄比亚中部的阿法地区发现一个距今340万年的女性全身的大部分骨骼化石，其标本体高1.07—1.22米，手小巧，两足行走，但脑型、牙齿较原始，脑容量较小，约400毫升。

据考古研究，这是目前所知最为完整的一具南方古猿化石，人们通常称为“露茜”[①]。

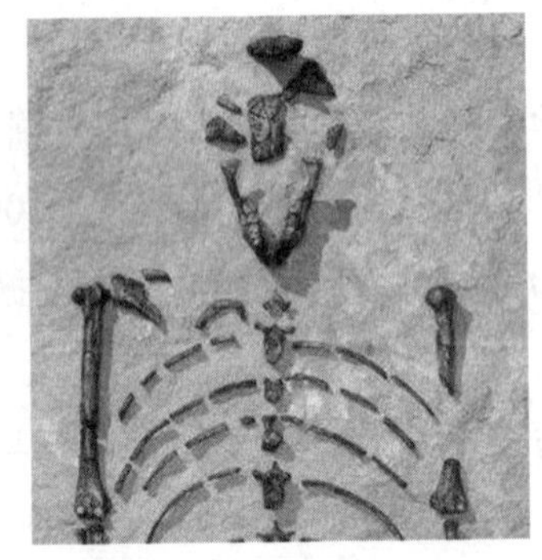

图2-15　“露茜”化石

① 因为美国考古人员发现它时正在播放披头士乐队的歌曲Lucy in the Sky with Diamonds，所以化石的名字被命名为“露茜”。

**伽鲁西河畔人类遗骨化石**

1974—1975年，在坦桑尼亚北部伽鲁西河畔发掘出一些早期人类遗骨化石，共有13块，主要有上、下颌骨和牙齿。据考证，该人类化石年代在距今377万年至359万年。伽鲁西河畔人类遗骨化石是迄今为止人们所知道的最早的人类化石。

## 第二节　人种的分类

对人种进行分类，主要是以对现有人种体质特点及各种族形成的地理区域分布情况的研究为基础的。人种分类法所反映出的是各种族间的亲缘关系、亲缘程度的确定。

在叙述人种分类之前，我们要了解有关人种的概念、人种来源的争论。

### 一、人种的概念、区别及联系

人种，又称人类种族。一般来说，人种是在体质形态上具有某些差异特征的人群。人种这个概念所要表达的意思，主要是指存在于外表体质特征的人类变异。这种变异，作为人类进化和发展中必然出现并长期存在的一种现象，一直是人类学研究的传统课题之一，是体质人类学中不可或缺的一个方面。

人种是有相互区别和联系的。人种的相互区别主要是各人种的肤色、发色、眼色、脸形、身高、头型等。人种的相互联系是指每一人种都有一个相应的固定区域地带。现在，种族同地区的联系并不十分清晰；但在比较遥远的古代，这种联系是存在的。

### 二、人种一源论和人种多源论的争论

人种一源论，即主张人种的同一性。这个人种一源论与基督教会的传统密切相关，是维护教会关于人类起源于亚当和夏娃的信条的学说。

人种多源论，即认为黑种人、白种人、黄种人等是各自属于特殊的、彼此独立产生的人种。

一源论与多源论争论的焦点，一是人类起源于一个地点还是多个地点；二是变种以何标志其差异，应该怎样描述人种之间的差异。

## 三、人类学家对人种分类的见解

人类学家们用各种方式来解答的人种分类法的重要问题包括：①有多少主要人种？②哪些特征应构成分类法的基础？③是否必须限于体质特征，或者还应注意到每一人种的地理分布区情况？④在确定人种间的亲缘程度时，是根据人种起源过程中趋异占优势的观点，还是认为该过程中趋同占优势？⑤把人种的中间类型视为混血的产物，还是当成其特征近于原初形态的过渡性的中介类型？

到18世纪初，人类学家们已积累了大量事实材料。这些材料主要是由旅行家和医生在此之前收集到的。这就出现了对这些材料进行分类的要求。当时进行人种分类工作的不只是生物学家，还有其他学科的代表人物。他们对此感兴趣的原因之一是想弄清人类在自然界中所占的特殊地位。

大部分研究者把人类划分为三个基本人种（大人种）或种系，其名称有：

居维勒——黑种、黄种、白种；

托平纳——阔鼻黑种、中鼻黄种、狭鼻白种；

弗洛尔——尼格罗型、蒙古型、高加索型；

海顿——卷发种、浓纹发种、直发种；

格利德利契卡——尼格罗人种、蒙古人种、高加索人种；

亚尔霍和捷别茨——尼格罗人种、蒙古人种、欧罗巴人种；

切博克萨罗夫——赤道人种，或称为尼格罗—澳大利亚人种。

一般认为，人类学家是从不同的角度划分人种的，主要采用以下方法。

### （一）按地区的分布、外部形态划分

最早试图对主要人种以这种方法进行分类并予以记述的是法朗莎·贝尔尼埃。他划分出四个人种：第一个人种分布在欧洲、北非、南亚；第二个人种分布在非洲其余地区；第三个人种分布在东亚及东南亚；第四个人种分布在拉普兰（即北欧）。贝尔尼埃认为美洲土著居民与欧洲人相近，但在面部结构上有某些差别，前者皮肤呈橄榄色。他还描述了所划分的人种类型的体质特点，同时指出，

不只欧洲人彼此之间在身材、面部轮廓、肤色和头发等方面有着明显的差异，其他人种内部也存在着同样的差异。他还举出南非部落同黑人的差异作为例证。

林奈（Linnaus）也将人种按地区划分为四种类型，即美洲人、欧洲人、亚洲人、非洲人。此外，他也将每一人种按外部形态（皮肤色素、面部轮廓、头发等）作了描述。按这些体质形态的描述勾画出了印第安人、北欧人、蒙古人和尼格罗人的特征。他还从心理和文化习俗特征研究的角度，认为这些人种似乎都有其独具的特殊气质：美洲人—胆汁质，欧洲人—多血质，亚洲人—忧郁质，非洲尼格罗人—黏液质。林奈分类法的优点是划分出了当时已知的基本人种类型。这些人种类型同一定地域相联系，而每一人种的地理分布就反映在它们的名称之中。

### （二）按气候影响因素划分

倾向于进化论思想的布丰划分出六个人种——欧罗巴人种、鞑靼人种（或蒙古人种）、埃塞俄比亚人种、美洲人种、拉普兰人种、南亚人种。前四个人种与林奈划分的人种相对应，拉普兰人种和南美人种的划分看来并非偶然：布丰坚信这样一种观点，即人种是不同地域的气候影响散居各地的同一智人种后裔的结果。他不能不注意到一些过渡类型（南亚人种和拉普兰人种）以及强烈显现出极地气候影响的人种类型。

布鲁门巴赫（Blumenbach）对各人种典型个体各种器官的解剖学研究成果作为种族分类的基础，为此他亲自动手收集头骨、胚胎、发样，制作解剖标本。在《人类的自然变种》一书中，他划分了五大人种：高加索人种、蒙古人种、埃塞俄比亚人种、美洲人种和马来人种。这是第一次划分出马来人种，而高加索人种则相当于林奈划分的欧洲人种，蒙古人种相当于亚洲人种，埃塞俄比亚人种相当于非洲人种，美洲人种相当于林奈划分的美洲人种。他同布丰一样，认为人种是由于不同气候的影响而形成的。

### （三）按种族主义的观点划分

达尔文学说给予人种分类法巨大影响。这种影响既有积极的一面，又有消极的一面。这种消极的主要表现：在种族主义的影响下，进化论原理在欧美开始被拼命用作“论证”种族不平等的新材料。一些学者开始在现代“有色”人种中探寻人类和猿猴之间的“缺环”。因此，从19世纪60年代开始，一大批著作不顾事实，力图证明“有色”人种与类人猿更为相近，从而灌输种族不平等的思想。

应用进化论原理来构拟人种分类法的尝试主要是由德国人类学家施特拉茨（Straci）进行的。在他制定的方案里，所有种族被划分为原始形态、古老形态和变异形态三大类。其中变异形态因混血而产生；古老形态就是后来完全形成的各人种，包括黑种人、黄种人和白种人；属于原始形态的有澳大利亚人、布须曼人、美洲印第安人和其他一些民族。

人类学家蒙坦顿（Montandon）提出的“整体起源说”也是将进化论原理化地运用于人种分类的一个例证。蒙坦顿断言每一人种的产生都是“全球性”的，亦即几乎产生于全球各地。他把现代人类划分为8个大人种，其中5个构成“早熟”群，另外3个则构成发展“延缓”群。属于早熟群的有俾格米人种、塔斯马尼亚人种、维达—澳大利亚人种、美洲印第安人中（美洲人种）和因纽特人种；属于延缓群的有尼格罗人种、欧罗巴人种和蒙古人种。他认为，早熟的人种已无力继续进化，似乎已拐进了死胡同。蒙坦顿的分类模式的逻辑是这些种族的消亡是它们天生的命运！

## 本章要点

人类的特征是两足直立行走、大的脑子和高的智力。自18世纪以来不仅在欧洲，而且在非洲和亚洲等其他一些地方陆续地发现了人类的遗骨或化石。这不但逐渐改变了人们认为地球上不存在人骨化石的观念，而且为人类社会认识其自身，全面地了解古代人类的生活及活动情况提供了许多证据。人种是有相互区别和联系的。人种的相互区别主要是各人种的肤色、发色、眼色、脸形、身高、头型等。进行人种分类工作的不只是生物学家，还有其他学科的代表人物。他们对此感兴趣的原因之一是想弄清人类在自然界中所占的特殊地位。

## 复习思考题

1. 人类起源于何时？是怎样从动物演化而来的？
2. 汤恩幼儿头盖骨化石的发现及特征是什么？
3. 人类学家对人种分类主要采用的是哪些方法？

## 推荐阅读书目

1.［英］格林·丹尼尔：《考古学一百五十年》，黄其淘译，文物出版社，1987年。

2. 戴裔煊：《西方民族学史》，社会科学文献出版社，2001年。

# 第三章　体质人类学发展史

人类学最早是从体质人类学开始的。从16世纪到20世纪的早期，欧洲人就开始对世界各地不同种族的体质差异产生兴趣，先是研究他们身体上的差异，然后转到对他们的文化差异或社会方面的研究。

## 第一节　体质人类学的概念与研究方法

### 一、体质人类学的概念及研究的问题

1. 体质人类学的概念

体质人类学是从生物学的角度来研究人类的体质变化的一门学科，包括研究过去和现代人体的一切发展和变异。

2. 体质人类学研究的问题

体质人类学主要研究两个基本问题：①重建人类进化的过程。主要是探索人类从猿类中分化出来所需的条件，以及会产生这种条件的原因。②描述和解释人类不同种族之间的生理差异，如头型、体型、肤色、血型、细胞染色体等。

那么，对这两个问题，人类学家是如何去研究的呢？对第一个问题的解释主要有两个方法。一是借助于化石资料。体质人类学家将化石资料按年代顺序排列起来分析。二是对现存的灵长类动物的研究。比如对猩猩的觅食方法、交流方式、群体的组成、生活习惯等方面的研究，无疑可以从某种程度上暗示若干万年以前人类祖先的行为。也就是说，通过对化石和灵长类动物的研究可以重建人类进化的进程。对第二个问题的研究则不需要借助化石或灵长类动物，只需要对不同种族的人进行分析研究。

## 二、体质人类学的研究方法

体质人类学的研究方法分为传统的和现代的。这些方法的采用对体质人类学的发展起着十分重要的作用。

### （一）传统的体质人类学研究方法

传统的体质人类学研究方法，主要包括测量技术、形态观察和统计学分析等三种。

1. 测量技术方法

在体质人类学所采用的测量技术主要分为活体测量和骨骼测量两大类。为了准确地测量人体，各方都在使用国际上通用规格的人体测量仪器。目前体质人类学所采用的测量方法也是在1906年于摩纳哥召开的第13届国际史前人类学与考古学会议和 1912 年于日内瓦召开的第14 届国际史前人类学与考古学会议上通过的测量项目。因此，采用此项方法测量所得到的数据具有统一的国际标准，可以在全世界的范围内进行对比研究。

2. 形态观察方法

人类学中的形态观察方法是采用肉眼观察的方式对人体上的若干特征进行描述和记录。在人体中，有许多特征是不能用尺寸的大小、角度的大小来衡量的。例如，一个人的颅形是圆形还是楔形，下颌骨上是否存在着下颌圆枕，等等。我们把这类特征统称为非测量性状，必须采用形态观察的手段来加以研究。形态观察的各项标准也具有国际上的统一性。

3. 统计学分析方法

由于体质人类学着眼于人类群体的研究，统计学分析考察的对象中，除了那些稀少的化石材料之外，其余各类样本的例数一般都比较多。在这种情况下，我们必须首先应用统计学的方法对所获得的数据、资料进行处理。在研究过程中，通常还需要在各种人类学标本之间进行归类、对比和判别。目前国内外学术界经常使用的方法为多元统计分析法，如聚类分析、因子分析、主成分分析等。

### （二）现代的体质人类学研究方法

除了以上所列举的研究方法外，近几十年来，随着自然科学的长足进步和各学科之间的相互渗透，在体质人类学的研究中出现了一系列的新方法，例如胚胎学、组织学、生理学、病理学、群体遗传学和分子生物学等方法。特别是其中的莫尔拓扑法（Moire Topography）、分子生物学方法等，自20世纪70 年代以来已在体质人类学的研究中受到各国学者们的普遍关注。这些新方法的引入为传统的体质人类学研究带来崭新的面貌。

1. 莫尔拓扑法（moire topography）

这是20世纪70年代开始在国际上发展起来的一种新的光测方法。它是一种非接触性的测量方法，使用起来方便、迅速、准确，并可将测量所得的结果以图像的形式记录下来，便于信息的储存和再测量。采用这种方法再配之以运用电子计算机对所拍摄下来的云纹图像进行自动判读、测量与计算，使人体测量方法发生了根本性的巨大变革。

2. 分子生物学方法

20世纪80年代以来，随着生物化学、分子生物学方法的发展，特别是PCR（聚合酶链反应，即 DNA 的体外扩增反应）技术的建立以及 DNA 测序的完全自动化，科学家们得以从分子水平来比较生物体的进化程度。这种方法特别是DNA 技术在体质人类学中的应用，使得该学科的研究在方法论上面貌一新。例如，人们可以利用现代各人种类型居民的线粒体 DNA 的分析结合分子钟理论来探讨现代人起源的问题；还可以通过提取地下出土的古代人骨和干尸中的 DNA 残段，经过扩增、测序，来研究各古代人类群体之间和群体内部不同个体之间的遗传学关系。分子生物学方法在体质人类学研究中已经展现出十分美好的前景。

## 第二节　体质人类学与其他学科的关系

体质人类学以人类为研究对象，而人类是具有自然和社会双重属性的动物，这就使得体质人类学必然处于自然科学和社会科学两大部类之间的一种边缘学科的位置上。体质人类学与自然科学、社会科学领域内的许多学科密切相关。

## 一、与人体解剖学、生理学、病理学之间的关系

人体解剖学、生理学和病理学以探讨人体的一般形态结构、正常的生理功能以及异常的病理变化为研究目的。这些学科与体质人类学的关系十分密切。掌握一定的生理学、病理学，特别是人体解剖学的基础知识是学习体质人类学的必备条件。这些学科在研究目的和研究方法上又不同于体质人类学。它们在研究过程中着眼于人类的个体，注重于人体的某一方面或某一部分；而体质人类学则着眼于人类的群体，包括人类在自然界中的位置，人类与动物，特别是与灵长类动物的区别和联系，各人群的特征和分类，人体的生物变异，性别和年龄差异以及身体各部的尺寸、形式和比例关系等问题。

## 二、与生物学之间的关系

体质人类学与生物学中的若干分支学科，如脊椎动物比较解剖学、古生物学、分子生物学以及生物进化论等均具有不同程度的联系。从广泛的意义上讲，体质人类学也可以作为生物科学中的一个组成部分。脊椎动物比较解剖学（简称“比较解剖学”）是动物学的一个分支学科。它通过比较、分析研究各类群脊椎动物的形态结构，来确定它们彼此之间的亲疏关系，从而提示进化的途径和规律。比较解剖学和古生物学为生物进化学说提供了有力论据，同时也为体质人类学研究提供了可资借鉴的理论和方法。近年来，分子生物学方法被大量引入到体质人类学的研究之中，并且为当代人类学的发展注入了新的活力。

## 三、与地质学之间的关系

研究人类进化是体质人类学的一项重要任务，而各种远古人类以及古灵长类动物的化石都是从古代地层中发掘出来的。因此，我们也要掌握一定的地质学和地层学的知识，尤其是在地质时期中时代较晚的新生代地质和地层方面的知识。新生代恰恰是人类起源和发展的时代。

## 四、与生态学之间的关系

任何一种生物都是在某种特定的环境中生活的，人类也不例外。研究生物与其所处环境之间的相互关系的学问就是生态学。人类的体质发展，尤其是在人类起源和发展的早期阶段中，明显受到自然环境的选择压力的制约。因此，要想对远古人类的体质进化历史有比较全面的认识，就必须了解他们当时的生存环境，各个不同时期的地质和地貌，世界各大洲的相对运动，世界上主要的气候带，雨量和温度的变化，以及河流、山脉、冰川、沙漠、草原、森林、湖泊、沼泽的变化和各种动植物的变化等知识。

## 五、与民族学之间的关系

人种学与民族学之间具有很密切的关系。它们分别从两个不同的角度着眼于对人类群体的研究。种族（人种）和民族虽然是两个不同的范畴，但二者之间却具有内在的联系，都是人类共同体的具体划分形式。种族是以遗传学特征来划分的人群，而民族则主要是靠文化特征来区分的。任何一个特定的人群都必然同时具有种族和民族的双重属性。体质人类学的研究成果常常有助于民族识别工作的开展和对族源问题的探索。

## 六、与考古学之间的关系

考古学可以为体质人类学提供研究资料，无论是旧石器时代的人类化石，还是新石器时代及以后各个历史时期的人类学标本，均要靠田野考古发掘来提供。体质人类学的研究也有助于考古学研究的深入开展。古人类化石可以作为旧石器时代考古中判断地层年代的一种依据；对古代人骨的性别、年龄的鉴定有利于人们对当时的社会性质、劳动分工等情况的探讨；对古代居民人种归属的研究可以从一个侧面为解决考古学文化的谱系渊源和族属等问题提出若干可资参考的佐证。

从以上可以看出，体质人类学与其他的学科有着密切的联系。这是因为体质人类学是以人类为研究对象的，而人类是具有自然和社会双重属性的动物，从而使体质人类学处于一个边缘学科的位置上。这样体质人类学便与自然科学、社会科学领域内的许多学科密切相关了。

## 第三节　体质人类学的出现与发展

### 一、体质人类学的出现与发展

在西方国家中，作为一门独立学科的体质人类学研究开始于19世纪初。然而人类在自然界中的地位、人和其他动物的异同之处、人类的特点、人类的类型和变异、年龄所引起的变化，以及与人类起源等有关的问题却与其他一般科学知识一样，在很久远的古代便被提出来了。

公元前7—前3世纪，地中海沿岸国家氏族制度的瓦解和奴隶社会的发展，带动了生产力的增长和人们社会意识的变革。他们中间的一些学者开始大胆地把世界看成一个整体系统，也使他们产生了对人类自身进行概括的思想。

体质人类学的出现，也是同古代比较解剖学密切相关的。人们对家畜和野生动物的观察也引起了他们对人类在自然界中的地位等问题的关注。在屠宰动物和治疗人类疾病的过程中，人们逐渐积累了关于有机体内各种器官的形态随着功能的影响而发生改变的知识。古代人在旅行中会接触到一些体貌特征不同于自己的人群，通过观察而认识到人有部落和种族的区别，因而积累了许多直接的经验。在以后科学的发展过程中，这些知识都有助于阐明人类的起源、人类的形态变异和人种划分等问题。

中世纪的欧洲在教会势力的黑暗统治下，是人类的科学知识在一切领域都停滞不前的时期。然而此时在西亚和中亚，古代学者们的科学传统却仍在继续向前发展。在那里出现了像阿拉伯的伟大学者伊本·西拿（Ibn Sina）那样的科学思想上的巨人。他的成就对世界医学的发展产生了深远的影响。在现代解剖学名词中，至今还保留着许多当时便出现了的阿拉伯文名词。文艺复兴时期的到来为万马齐喑的欧洲带来了新的希望，此时人体解剖学取得了巨大的进展。

15—16世纪地理大发现对于人种学知识的发展具有重要的意义。在此之前，意大利威尼斯的探险家马可·波罗（Marco Polo）的东方之行，使欧洲人认识了有高度文明的中国，第一次报道了许多有关亚洲各国居民的知识。后来，著名的意大利航海家哥伦布（Cristopher Columbus）横渡大西洋的美洲之行，葡萄牙航海家达·伽马（Vasco da Gama）绕过非洲南端好望角从海路进入印度的航行，以及另一位航海家麦哲伦（Fernao de Magalhaes）的环球旅行，让欧洲人接触到更多形形色色的其他人种，使人们开始对“所有人类都起源于亚当和夏娃”的宗教学说产生了怀疑。

18 世纪是近代体质人类学的雏型开始形成的时期。由于有关现存生物和古生物的化石资料已经积累到了一定的程度，有些学者开始试图对包括人类在内的整个生物体系进行总结和概括。此时欧洲的人类学界分为哲学派和博物学派两大派别。博物学派中贡献最大的学者包括瑞典的林奈、法国的布丰和德国的布鲁门巴赫等人。他们完全从体质的角度来研究人类，认为人类学就是人类的自然史。

体质人类学的发展和它作为一门独立学科的最重要的时期是在 19 世纪中叶。当时的欧洲资本主义列强正在极力扩张他们的殖民主义势力范围，对外展开激烈的领土争夺之战。这种政治和军事上的需要引起了欧洲国家社会内部对人种区分问题的普遍关注和兴趣。在巴黎，由于白洛嘉（P. Broca）的倡导，于1859 年成立了人类学会。1863 年，伦敦成立人类学会。1864 年，俄国的学者们也在莫斯科的自然科学爱好者协会中成立了人类学组。此后，在德国、意大利和其他许多国家中也建立了类似的组织。这些学术团体的基本任务之一便是进行人种方面的研究，这是当时欧洲体质人类学发展的一个重要特点。达尔文的著作《人类起源和性选择》等书的出版是人类学史上最伟大的事件之一。在这些著作中，达尔文提出了人类起源和性选择的基本理论，进一步充实了进化论学说的内容。当然，在此之前的许多研究工作也为人类进化的思想打下了基础，例如法国杰出的博物学家、进化论学说奠基人拉马克关于环境对生物进化的直接影响，器官用进废退和获得性状的遗传等理论的提出。

近年来，随着科学的飞跃发展，体质人类学的研究又开辟了一些新的领域，例如运用分子生物学和群体遗传学的方法对人类各种族以及人类的近亲——高等灵长类动物血型、血浆蛋白质和细胞染色体 DNA 等进行比较研究等。这就使得体质人类学的理论和方法得到进一步的充实和完善。总之，人类学——这一古老而又年轻的学科正在向人们展示出它那充满无穷奥秘的美好前景。

## 二、体质人类学研究的问题

在体质人类学的发展过程中，出现了许多体质人类学学者。这些学者对体质人类学的发展做出了很大的贡献。

### （一）体质人类学先驱与进化论问题

体质人类学研究人的体质。研究这个问题要了解人到底是怎样发展而来的，也就是说人是怎样从猿猴进化来的。这个问题的提出涉及进化的问题。因此，体质人类学先驱便首先对进化问题进行了探讨。一般认为，进化论一词最初是由法国博物学家拉马克提出来的，而后由英国博物学家达尔文奠定了科学的基础。

**亚里士多德（Aristotle，公元前384—公元前322年）**

亚里士多德是欧洲古代的哲学家。他不仅是使用“人类学家”这个名词的第一个权威，而且在上古时期对于人的研究达到了顶点。他奠定了动物学的基础，创立了“生物阶梯”的思想。按照他的这一思想，一系列生物体的地位逐渐升高，呈阶梯状排列。不过，应该指出，亚里士多德是绝对没有进化论思想的，但是他提出的生物以阶梯形式排列的原则对于后来18世纪进化论学说的发展起到了巨大的作用。

**布丰（Buffon，1707—1788年）**

布丰是法国博物学家。他编写和翻译了许多科学著作，曾被选为法国科学院的领导，1739年被任命为皇家植物园园长和皇家博物馆馆长。他是进化论的先驱者，其代表作为《动物自然史》。他认为人属于物种的范畴，但从来不相信物种是永恒不变的。他认为自然界还没有告诉我们形成生物的根本原因是什么；他认为驴和马可能有一个共同的祖先，对猿和人也是如此；他认为人们至少应该根据他们的一般相似性进行推论，而不是圣经坚持的观点。

**拉马克（Jean Baptiste Lemarck，1744—1829年）**

拉马克是法国博物学家、生物学家。他最先提出生物进化的学说，认为高等动物是由低等动物演变而来的，是进化论的倡导者和先驱。他提出了一种系统的生物进化学说。他的进化观点主要体现在他1809年出版的《动物学的哲学》一书和1815年出版的《无脊椎动物志》的导言中。重要的论点有：地球有悠久的历史，生物经过漫长的演变才成了今天的样子；生命是连续、变化的、发展；生命存在于生物体和环境的相互作用中；低级生物可以不断地由非生命物质直接产生；物种只有相对的稳定性，在外界条件影响下会发生变异；进化的动力既是生物天生地具有向上发展的“欲求”，也是环境变化的影响；生物进化是“树状”式的，不仅向上发展，而且向各个方面发展；人类起源于高级猿类，等等。拉马克学说的核心是“器官的用进废退和获得性状的遗传”。拉马克认为，环境变化引起生活需要的改变，生活需要的改变使动物产生新的行为和习性，结果经常使用的器官就发达，不使用的器官就退化。这些在环境影响下所获得的性状叫获得性状；获得性状能遗传给后代，由此引起了动物的进化。例如，他认为，长颈鹿的祖先由于环境的改变，不得不时常伸颈取食树上的叶子，促使颈和前肢逐渐变得长一些，这些后天获得的性状又能传给后代。这样经过许多世代的积累，终于进化成现在我们所看到的长颈鹿。拉马克最先提出系统的进化思想，与当时占统治地位的神创论思想进行了激烈的斗争。他对进化论的建立是有伟大功绩的。但由于受当时科学水平的限制，他对生物进化的解释过于简单化，在很大程度上只是一些猜测，还不能对物种的起源和生物的进化作出科学的论证。

**居维勒（Georges Cuvier，1769—1832年）**

居维勒是法国动物学家，比较解剖学和古生物学的奠基人。他提出了“器官相关法则”，认为动物的身体是一个统一的整体，身体各部分结构都有相应的联系。如牛羊等反刍动物既然有磨碎粗糙植物纤维的牙齿，就有了相应的嚼肌、上下颌骨和关节，相应的消化道以及相应的适于抵御和逃避敌害的洞角和肢体构造；虎、狼等肉食动物则具有与捕捉猎物相应的各种运动、消化方面的构造和机能等。他不仅研究现存的动物种类，还将当时已知的绝灭种类的化石遗骸归入同一个动物系统进行比较研究。他运用器官相关的原则和方法，根据少数的骨骼化石对动物进行整体复原。这些开创性的工作，使他成了比较解剖学和古生物学的创始人。他首先指出非洲象与亚洲象是两个不同的种，而猛犸象（毛象）则是一种更接近于亚洲象的灭绝动物，并证明北美发现的“猛犸”化石是另一个绝灭的新属——乳齿象。尽管他反对生物进化论，但他正确地提出了物种（及种上类群）自然绝灭的概念，并论证了现存种类与灭绝种类之间在形态上和“亲缘”上的相互联系，在客观上为生物进化论提供了科学的证据。此外，他认为地层时代越新，其中的古生物类型也越进步，最古老的地层中没有化石，后来出现了植物与海洋无脊椎动物的化石，然后又出现脊椎动物的化石。在最近地质时代的岩层中，才出现了现代类型的哺乳类与人类的化石。他的这些论点与近代地质古生物学和进化论的结论基本一致。他所提出的器官相关定律以及他在古生物学上的杰出贡献，为进化论的建立提供了宝贵的材料。然而他却反对拉马克的进化学说中生物进化的观点，坚持“灾变论”学说。按照“灾变论”的观点，地球上的生物并不存在由低级到高级的连续发展过程，而是曾经发生过多次周期性的大灾难。每次灾难来临的时候，所有的生物均被灭绝。而灾难结束之后，地球上又出现了新的生物类型。至于这些新的生物种从何而来，居维勒当时并未做出明确解释。后来他的学生多宾尼（A. Dorbigny）做出补充说明，指出新的生物类型是上帝重新创造的结果，并且还计算出上帝的这种创造行为多达27次。

**查尔斯·罗伯特·达尔文（Charles Robert Darwin，1809—1882年）**

达尔文是英国博物学家、生物学家，进化论的奠基人。达尔文批判地吸收了拉马克等前辈学者们关于生物进化学说的成果，并以他在亲身参加的历时5年的环球科学考察中收集到的大量动植物学和地质学资料为基础，同时结合对当时运用人工选择方法培育家畜和农作物新品种方面的实践成果的研究，提出了以自然选择为核心的进化学说。1859年，达尔文的《物种起源》一书终于问世，这是人类对生物认识上的巨大成就。它给当时在生物学界占统治地位的“神创论”和“物种不变论”以毁灭性的打击，有力地推动了近代生物学的发展，把人类对自然界的认识引向一个新的时代。达尔文进化论的影响已经远远地超出了其对生物学本身所具有的意义，成为当时人类进步的同义词，因而受到包括无产阶级革命导师马克思（Karl Heinrich Marx）和恩格斯（Friedrich Engels）在内的一切进步人士的肯定。恩格斯将进化论列为19世纪自然科学的三大发现之一。

**达尔文主义学派**

自达尔文创立以自然选择为中心的生物进化理论以来，人类第一次把生物学放在科学的基础上，用自然选择的进化学说合理地说明生物的多样性和适应性，与当时欧洲盛行的上帝有目的地创造生物的观点进行了长期的论战。在与神创论的斗争中，许多杰出的自然科学家集合在进化论的旗帜下，逐渐形成了一个新的学派，即达尔文主义学派，亦称“达尔文学说”。达尔文在他的《物种起源》等著作中，从分类学、形态学、胚胎学、生物地理学、古生物学等方面，列举事实证明不同生物之间有一定的亲缘关系；古代生物和现代生物之间有着共同的祖先；现代生物是远古少数原始类型按照自然选择的规律逐渐进化的产物。它是一个庞大的生物进化体系。在达尔文学说的科学体系中，最主要的是自然选择学说，其主要内容可以概括为过度繁殖、生存斗争、遗传变异、适者生存。随后，英国的赫胥黎、德国的海克尔等称赞并接受达尔文主义，同时也在不同方面发展了达尔文的进化学说，成为达尔文主义学派的成员。

**赫胥黎（T. H. Huxley，1825—1895年）与牛津大论战**

赫胥黎是英国的博物学家，达尔文主义者。他在动物学、比较解剖学、生理学和生物学的许多领域都具有很深的造诣。他通过大量的研究，证实了达尔文关于类人猿接近于人类的正确判断，并且重点探讨了人类在动物界中的位置问题，在实践中发展了达尔文主义。赫胥黎在人类起源认识史上首次提出了“人猿同祖论”的观点，向宗教神学勇敢地提出挑战。1860年6月30日，在英国牛津自然历史博物馆里，英国科学促进会召开关于人类是否起源于动物问题的讨论会。会上，牛津主教威尔伯福斯（Wilberforce）向达尔文的进化学说发起了恶毒的攻击，并且无理地质问赫胥黎究竟是由祖父方面的猴子还是由祖母方面的猴子变来的。当主教大人在一片哄笑声中以胜利者的姿态坐下来之后，赫胥黎接着发言。他首先以大量的科学事实批驳了威尔伯福斯的无知和诽谤，然后庄严地宣称，他绝不会因为承认猴子是他的祖先而感到羞耻，而只会因为有像主教大人那样信口雌黄、妖言惑众的同类而感到羞耻。在反动的教会人士的叫骂声和进步的科学家、大学生等许多听众的热烈掌声中，进化论者又一次获得了胜利。这就是科学史上著名的牛津大论战。

**海克尔（E. H. Haeckel，1834—1919年）**

海克尔是一名德国的博物学家，也是一位杰出的达尔文主义者。他在青年时代曾经学习过医学，但主要的兴趣是研究动物学。在达尔文的进化思想指导下，海克尔总结了古生物学、比较解剖学、个体胚胎学和比较胚胎学的丰富资料，创立了种系发生学这一新的学科，提出了生物进化的系谱树，为了解生物种系的发展史奠定了科学的基础。他所撰写的《宇宙之谜》一书，不仅对19世纪自然科学的伟大成就，特别是生物进化论作了明晰的阐述，而且依据当时科学的最高成就，对宇宙、地球、生命、物种、人类的起源和发展等一系列命题进行了深入的探讨。同时，他还对宗教神学和唯心主义的传统观念做了尖锐的揭露和批判。可以这样讲，《宇宙之谜》是对海克尔一生的科学所做出的哲学的总结。为了捍卫达尔文的进化学说，海克尔也与各种错误观点展开了激烈的斗争。1877 年，在慕尼黑举行的第 50 次德国自然科学家和医生代表大会上，他与达尔文主义的反对者、德国细胞病理学权威微尔赫（R. Virchow）进行了严肃的辩论。会后，海克尔发表了轰动一时的论著——《自由的科学和自由的讲授》，批驳了威微尔赫关于禁止在学校里讲授进化论的主张。

**新达尔文主义学派**

这是以德国生物学家魏斯曼（A. Weinsmann）、奥地利遗传学家孟德尔（G. J. Mendel）和美国遗传学家摩尔根（T. H. Morgan）等人为代表的一批学者所组成的一个达尔文主义学派。该学派的学者提出了种质选择论，强调对遗传变异的选择作用，因而是对达尔文选择原理的一个重要的说明。达尔文主张生物的渐变进化，而新达尔文主义者在广泛的实验中发现了自然界中的另一种进化方式——骤变进化。这一概念的引入对达尔文进化论是一个重要的补充。另外，该学派还创立了基因论，在一定程度上提示了生物遗传变异的机制，使进化论研究有可能深入到细胞实验的层次。然而，由于新达尔文主义是在个体水平上研究生物进化的，而实际上进化是群体范畴的问题。因此，该学派在解释生物进化时，在总体上不可避免地带有一定的局限性。其次，新达尔文主义学派中的多数学者，漠视自然选择学说在进化中的重要地位，因此他们不可能正确地解释进化的过程。

**现代达尔文主义**

现代达尔文主义也称“综合达尔文主义”，是以乌克兰遗传学家杜布赞斯基《遗传学和物种起源》一书的问世为标志的。杜布赞斯基在此书中提出的“综合理论”是现代达尔文主义的理论基础。综合理论的基本内容包括：①种群是生物进化的基本单位；进化机制的研究属于群体遗传学的范围。②突变、选择、隔离是物种形成及生物进化中的三个基本环节。他认为，突变是普遍存在的现象，突变不仅能产生大量的等位基因，还可以产生大量的复等位基因，从而大大增加了生物变异的潜能。随机突变一旦发生后就受到选择的作用，通过自然选择的作用，使有害的突变消除，而保存有利的基因突变。其结果便造成基因频率的定向改变，这才使新的生物基因类型得以形成。群体的基因组成发生改变以后，如果这个群体和其他群体之间能够杂交就不能形成稳定的物种，也就是说，物种的形成还必须通过隔离才能实现。这是他早期提出的综合理论，又称“老综合理论”。

1970年，杜布赞斯基又出版了《进化过程的遗传学》。在这本书中，他又对以上综合理论进行修改，认为在大多数生物中，自然选择都不是单纯地起过筛作用的。在杂合状态中，自然选择保留了许多有害的甚至致死的基因，其原因就在于自然界存在着各种不同的选择机制或模式。这一思想相对于“老综合理论”而言成为他的“新综合理论”。

杜布赞斯基以上的综合理论，综合了自然选择学说与基因论两种观点，吸收了达尔文学说的精华，又提出了自然选择模式概念，从而丰富和发展了达尔文的选择性。他又引入了群体遗传学的原理，弥补了新达尔文主义基因论的不足。他用分子生物学和群体遗传学的原理和方法，阐明了生物进化过程中内因（生物的遗传变异）和外因（环境的选择）、偶然性（遗传变异）和必然性（选择）的辩证关系。尽管如此，在进化理论研究的一些重要问题上，杜布赞斯基的综合理论还不能给出有说服力的解释。如生物体新结构、新器官的形成等比较复杂的问题，单纯用突变、基因重组、选择和隔离的理论是不能完全解释的。如果离开了生活方式的改变，离开了习性与机制变异的连续作用，离开了与其他器官的相互影响，很难做出令人满意的回答。此外，这一学说把实验方法理解为研究生物进化问题的唯一手段也是不恰当的。

### （二）体质人类学者对人类与动物区别的研究

除了人类的进化问题，体质人类学者也对人的特征、人在自然界中的位置、人的躯体（手、头颅、头盖骨等）方面进行了研究。对这些方面的研究主要是将人与其他动物区别开来，并将各种族区分开来。

**希波克拉底（Hippoerates，公元前460—公元前370年）**

希波克拉底是古希腊的名医，被称为“医学之父”，后来成为研究体质人类学的先驱。他研究过气候对于人体的影响，并创立了“气质学说”，认为人体内含有四种不同的“液汁”，即血、黄胆质、黑胆质和黏液。他还进一步提出以血为主的人特点是热情，以黄胆质为主的人特点是急躁，以黑胆质为主的人特点是忧郁，而以黏液为主的人特点是迟钝。按照现代生命科学的研究成果，希波克拉底的气质学说并无任何科学基础，但作为2000多年前的古代学者，他的这一学说的建立无疑是试图运用结构与功能相统一的方法对人类进行分类的一次大胆的尝试。此外，他在研究人的头型方面很有造诣。他认为，拉长的头型本来是人为造成的，但后来却被遗传下来。“在一开始是这（人工拉长头型）在起作用，所以这种结果是强力造成的，但经过一定时间后，它就自然地形成了，以至于这种处理方法与它已经没有什么关系。”

**亚里士多德（Aristotle，公元前384—公元前322年）**

亚里士多德除创立了“生物阶梯”的思想，提出生物以阶梯形式排列的原则对于后来18世纪进化论学说的发展起到了巨大的作用之外，在确定人类在自然界中的地位的问题上也做出了重要的贡献。在他的著作中存在着许多涉及人与动物之间形态特征差异方面的论点。如在对人手作用的评价上，他认为人之所以有手是由于智慧所致，这明显地表现出其唯心主义的世界观。由于未受到宗教或者哲学独断的影响，他也自然地把人类放在动物之中并根据某种特征如大脑的相对大小、两脚直立和智慧等方面，把人类从动物中区分开来。

**维塞利亚斯（Vesalius，1513—1564年）**

维塞利亚斯是意大利的著名医生和解剖学家。他曾在意大利帕度亚、波隆纳和比萨三大城市任解剖学教授，又当过查理五世和菲利普二世的内科医生。他除了对人兽区别解剖学得以产生做出贡献外，也对种族的头型进行了研究。他分析了许多种族头盖骨形状不同的原因，认为大多数种族在头型方面有些突出的特征。比如，希腊人和土耳其人的头盖骨是圆形的，热那亚人的头盖骨则更圆，这种头型常常是由接生婆应母亲的请求而造成的。一般来说德国人的后脑勺扁平，头部宽广，这是因为德国婴孩经常仰卧在摇篮里，而比利时婴孩则侧卧，所以他们的头型呈椭圆型。

**林奈（Linnaus，1707—1778年）**

林奈是瑞典生物学家。他认为，生物学既错综复杂，又井然有序。由此，他建立了生物的分类系统。他在《自然系统》中确定了人类在自然界中的地位，把人作为独特的，并把人与蝙蝠、狐猴、猿猴都归为一类，称之为“灵长目”。同时，将各样的人类加以区分，根据肤色和其他特征，把他们分为四大类。这种分类法今天仍然值得人们尊敬。

### （三）体质人类学者对人体解剖学、头盖学的研究

体质人类学者在探讨人类与动物的区别之余，对人类躯体学也产生了兴趣。在人类躯体学的研究中，有许多从事医学和解剖的体质人类学者加入进来。

**盖伦**（Galen，129—199年）

盖伦是古罗马学者。他进行了大量的动物尸体解剖，其中包括猴子等灵长类动物，从而掌握了许多较为精确的解剖学知识，发展了机体的解剖结构和器官生理学的概念，创立了医学知识和生物学知识的体系。他的解剖学风行了1000多年。他是根据动物身体的解剖，尤其是根据猴体解剖来得出结论的，从而为以后的人兽区别解剖学打下了坚实的基础。

**布鲁门巴赫**（J.F.Blumenbach，1752—1840年）

布鲁门巴赫是哥廷根医学院的教授。他创立了颅骨测量学的基本理论和方法，因而获得了"体质人类学之父"的美誉。布鲁门巴赫是第一个将人类学置于理性基础的人。他写了《原始人种学概论》一书。该书把人种分类的基础建立于测量之上，认为头盖骨和面部存在不同的方式，并提出了头盖骨垂直常态。他认为，所谓头盖骨垂直常态，即从上面角度看头盖骨的形态，三种类型的头盖骨各不相同。比如，蒙古人种头盖骨方型，黑种人头盖骨两边相夹，高加索人种的头盖骨介乎两者之间。由于布鲁门巴赫最先将头盖学变为人们易懂的科学，因而被视为头盖学的奠基人。

**安德斯·里茨厄斯**（Retzius，1796—1860年）

里茨厄斯是瑞典研究头盖骨的学者。他带领他的研究小组研究了各种不同类型的头盖骨，得出了一种头部指数的概念。所谓头部指数，也叫长度与宽度的指数，即颅骨宽度对于其长度的比例用百分比表示。他把较窄的头颅称为长头，把较宽的头颅称为短头。通过这一方法，里茨厄斯想要把各种类型的头盖骨加以分类，而不是找出种族的差别。他曾做过努力，一般根据头型，把欧洲人进行归类。他在接受布鲁门巴赫意见的同时，还发明了面部、高度和颈宽的测量法。里茨厄斯的这些研究成果为后来的头盖学发展奠定了基础。

**约翰·格莱顿**（Tohn Grattan，1800—1871年）

格莱顿是英国贝尔法斯特的药剂师。他发明了一系列的以耳孔为起点的径向测量法，制作了一部精巧的颅骨测量仪。正如赛明顿（J. Symington）教授所指出的那样，格莱顿和安德斯·里茨厄斯是在同一时期开展这项科研活动的。在德国和法国的一些学校开始制订颅骨测量的科研计划之前，他们的工作就完成了。他从那时现成的测量法中选用最有用的测量法，并补充了他自己的新见解。

**艾特肯·梅格斯（J. A-itken Meigs，1829—1879年）**

梅格斯博士是美国有名望的内科医生兼心理学家。他提出了有关测量的原则："实用的颅骨测量法既应该具备绝对性，又应该具备相对性。绝对测量是必要的，因它可用来测出不同种族头颅骨的差别。这些差别特征越稳定，它们对动物学的意义就越大。对头部采用相对测量法，我们就可以对脑的心理特征有个大概的了解。头盖骨描绘者就是头盖骨检验专家。"梅格斯博士在1861年的论文中对头盖骨做了许多说明，有一些是关于如何测量大脑各部分的方法的论述。

**皮埃尔·保罗·布罗卡（P.P.Broca，1824—1880年）**

布罗卡是法国著名的外科医生。1847年，他被任命为一个委员会的委员，向上级报告关于克利士丁（Celestins）公墓的挖掘情况。这件事促使他研究头盖学，然后又研究种族学。巴黎人类学会建于1859年，人类学院建立于1876年，而布罗卡是上述两个机构的发起者和建立者。为更精确地研究头盖学，他发明了几种头颅测量仪器，如枕骨仪、测角计、立体照片机，还将一些方法标准化。他对做头颅比较时不能得到结论深感不满，所以在临死之前转而研究大脑。他是个孜孜不倦的研究家。由于大脑过度疲劳，他在56岁时突然死去。

从布鲁门巴赫开始，许多学者都加入到研究头盖骨的行列，但随着其研究的进展，头盖学的研究出现了一些问题。

1. 研究头盖骨成为时髦

自布鲁门巴赫创立了颅骨测量学的基本理论和方法后，研究头盖骨和进行头盖骨测量法一时风行各处。因此，"要更多的头颅"这句话已成为当时的口号。人类学家或立志成名的人都测量和描绘头盖骨。博物馆已成为陈列头盖骨的真正场所。科学进修人员的名望与他随身所带回去的头盖骨的数量有密切的关系。因此，人体躯干、四肢、柔软组织，皮肤和毛发，可能统统被抛弃，因为它们被认为没有任何科学价值，这就造成了研究的片面性。

2. 头盖骨分类方法出现问题

经过了多年测量和收集来自外国和来自原始人种或土著人种的材料之后，早先采用的头盖骨分类方法明显不适用了。人们遇到过太多的中间型，而这种形式不可能用一般的方法加以分类。一些研究人员误入歧途，视科学为儿戏，如意大利塞吉（Sergi）教授曾犯过这样的错误：新几内亚附近的登推卡斯特（Dntrecasteare）群岛本来只是一群小岛，可是他却把这些小岛屿命名为11种头盖骨的类型，并把这些头盖骨用大名鼎鼎的名称加以区别，如长头盖骨、短头盖等。

## 三、体质人类学者与人体测量学

体质人类学者对人体的测量始于17世纪，在19世纪中叶后达到高潮。他们不仅对死人的头盖骨、骨骼，乃至活人的头型和人体测量做了调查研究，而且对某些部分如鼻、耳的形状和皮肤，眼睛等器官的色素沉淀都进行了调查和研究。

### （一）人体测量学的概念、内容与方法

1. 人体测量学的概念

人体测量学是体质人类学研究的重要工具。它是通过对人体的整体和局部进行测量，探讨人体的类型、特征、变异和发展规律的一门学科。

2. 人体测量学研究的内容

人体测量学的内容有三个方面：其一是进化研究，即对不同进化阶段的古人类化石进行测量和观察，这样可以找出人类进化的规律；其二是体质变异研究，即对不同种族、不同人群进行人体测量和分析比较，可以找出他们之间的共同点与差异，找出人类体质特征变异的规律；其三是生长发育研究，即对不同年龄群体或个体进行人体测量，绘出生长曲线和生长速率曲线，可以找出人体生长发育的规律。

3. 人体测量方法的运用

在人体测量学中，使用的方法不断地变化。传统的人体测量法采用的主要是直脚规、弯脚规、三脚平行规、特殊量角器等专用仪器。其测量的部位是人体或骨骼表面两点间的直线距离或弧线长度，以及线、面间角度。这种传统测量方法的局限性是只能获得一维数据，难以真正充分体现人体或骨骼的某些特征。

从20世纪五六十年代起，人体测量方法不断进步。除了保持一些传统的测量法外，新的技术被运用到人体测量中。比如，“立体摄影法”，即运用绘制航测地图的方法进行人体测量，但其缺陷是设备复杂昂贵。20世纪70年代初，采用了“莫尔云纹法”，即研制出适用于测量人体表面形状的云纹测量仪。这种设备操作简便，仪器价格低廉，遂被广泛地运用于医学和生物学形态测量领域，成为

一种划时代的技法 。

### （二）人体测量学的应用价值

人体测量学在开始研究时就被视为是区别人类与低等动物的精确方法。由于研究方法得到改进和新资料不断发展，人类测量学具有了许多应用价值。

1. 促进对种族的来源和演变问题的调查研究

有关大量指标的许多测量，如对皮肤、头发和眼睛的颜色，鼻子、耳朵各种器官形状的一些观察，以及其他一些具有类似性质的比较，使种族的混合状态得以区分出来，这样就使各种族的来源问题得以追根寻源，自人类出现以来所发生的种族迁移问题也能被人们所了解。

2. 促使开辟对遗传学、生态学的研究

随着人体测量研究的进展，人类学家现已开始调查最基本的与种族学关系密切的其他问题。这些问题主要有：人类许多群体中的不令人满意的特征或缺陷是由什么造成的？某些缺陷是否由于不健全、发育异常和其他不良的双亲遗传因素所造成的？这些缺陷是否是后天的不利因素的结果？怎样发现并阻止早期表现出来的各种缺陷？为了能够进行比较，就有必要对正常和健康的人进行类似的调查。凡此种种，促使人们开辟对遗传学和生态学的研究。

3. 促使犯罪学、指纹学的形成和发展

除此之外，在人体测量学中还发展出验明罪犯身份的技术。此项技术包括对人的特征、指纹的研究。帕肯热（Purkenje）首先发现了作为验证手段的指纹学。1823年，他成为德国布勒斯劳州生理学家，把指纹学作为分类的标志。因此，人体测量学促使犯罪学、指纹学得以形成和发展。

### （三）体质人类学者与人体测量学

在人体测量贡献方面，有许多杰出的体质人类学者。例如，查尔斯·怀特（Charles White）是英国的体质人类学者，也是最早的头盖骨和其他方面的测量专家。他曾对手臂进行过多次测量，为人类体质学做出了贡献。怀特当时曾对将近50个黑人进行了测量，并取得有价值的测量结果。他发现了黑人的前臂比其上臂长，比欧洲人的手臂也长，同时也发现了人猿的手臂比黑人长。由于得出了这些测量结果，他被认为是人体测量学的奠基人。此外，维赫马（L. R. Viherma）在

1834年就曾对英国各个阶层的人开始了调查研究，把乡村居民同大城市及工业区的居民相比较。他这样做的目的是为了调查人的健康情况。1861年，受人尊敬的约翰·贝多（Beddoe）博士发表了对爱尔兰人的毛发和眼睛颜色的研究成果，并且在大不列颠的不同地区继续进行关于这一方面的一些研究，也曾到欧洲大陆的部分地区进行研究。

## 本章要点

体质人类学是从生物学的角度来研究人类的体质变化的一门学科，包括研究过去和现代人体的一切发展和变异。作为一门独立学科的体质人类学研究开始于19世纪初。然而最早企图了解人类在自然界中的地位、人和其他动物的异同之处、人类的特点、人类的类型和变异、年龄所引起的变化，以及与人类起源等有关的问题却与其他一般科学知识一样，在很久远的古代便被提出来了。

## 复习思考题

1. 体质人类学与哪些学科有关系？为何它们之间会有这种关系？
2. 现代达尔文主义与新达尔文主义的区别是什么？
3. 什么是牛津大论战？
4. 亚里士多德的“生物阶梯”思想是什么？
5. 人体测量学的应用价值表现在哪些地方？

## 推荐阅读书目

1. 吴康：《古人类学》，文物出版社，1989年。
2. 朱泓：《体质人类学》，吉林大学出版社，1993年。
3.［美］阿西摩夫：《人体和思维》，阮芳赋、张大卫译，科学出版社，1979年。

# 第四章　文化人类学发展史

文化人类学是研究人与文化的学科，也可以说是从文化这个角度研究人的学科。与体质人类学一样，文化人学也经历了一个发展的过程。在文化人类学的发展过程中，既出现了许多杰出的先驱，也产生了许多流派和大师。

## 第一节　文化人类学的发展阶段及先驱

### 一、文化人类学的概念及内涵

文化人类学这个术语的英文名是Cultural Anthropology。提出这一术语的目的是与从生物特性角度研究人的体质人类学相区别。因为，在此之前，对人的文化特性的研究早已有之，但与体质人类学混在一起使用，则属于人类学或民族学研究的名下。在21世纪以前，文化人类学的研究一般都被冠之以“人类学”或“民族学”的名称，

有关文化人类学的概念，权威的《简明不列颠百科全书》将其定义为“研究人类社会中的行为、信仰、习惯和社会组织的学科”。而英国的《社会科学百科全书》指出：“文化人类学关心的是作为社会存在的人及其习得的行为方式，而不是遗传传递的行为方式。”我们可以把这两种权威著作中对文化人类学的定义归纳为一句简单的话语，即“文化人类学是研究人与文化的学科，也可以说是从文化这个角度研究人的学科”。

## 二、文化人类学的发展阶段及先驱

### （一）文化人类学的发展阶段

作为一门正式学科，文化人类学可以说是近代工业文明的产物，其思想渊源却可追溯至远古。哈登（A. Haddon）的《人类学史》一书曾将文化人类学的发展划分为以下三个阶段：

第一阶段是文化人类学的萌芽时期，时间应为古希腊罗马时期。这个时期是我们在第一章中所讲述的主要内容，代表人物是亚里士多德、柏拉图、希罗多德、希波克拉底、卢克莱修、塔西陀、伊本·白图泰等这些“机敏的思想家们”。

第二阶段是文化人类学得以确立的时期，时间是“地理大发现”和“文艺复兴”时期（16世纪），直至19世纪中期之前的时期。这一时期产生了诸如拉菲托（J. F. Lafitau）、维柯（Vico）、孟德斯鸠（Montesquieu）、亨利·霍姆（Hengry Home）等文化人类学的先驱。

第三阶段是文化人类学的发展时期，19世纪中期以后。这个时期出现了许多著名的大师，以及各种理论和学派。

哈登划分文化人类学的观点今天仍被大多数人类学者接受，如当代美国人类学家R. 纳罗尔（R. Naroll）认为古代文化人类学的奠基者包括亚里士多德、柏拉图以及中国的孔子等“机敏的思想家们”。如果排列这些“思想家们”，至少还应当包括希罗多德、希波克拉底、卢克莱修、塔西陀、伊本·白图泰等人。

### （二）文化人类学的先驱

这一节不准备对文化人类学第一阶段的人物进行详细介绍，因为我们在第一章中已对他们进行了介绍。我们只想对第二阶段的时期，也即近代史上确有贡献的重要“思想家”，即文化人类学的先驱做简略的评介。

**拉菲托**（J. F. Lafitau，1670—1740年）

拉菲托是法国天主教耶稣会的一位传教士，1712—1717年曾在北美易洛魁印第安人地区传教，后于1724年出版《美洲野蛮人风俗与远古风俗之比较》一书。拉菲托试图建立比较人类学。他将亲身调查的土著部落的风俗习惯、社会制度和宗教信仰与有文字记载的远古风俗习惯、社会制度和宗教信仰进行比较研究，试图以此来解释印第安人的奇异风俗和远古习俗。他写道："我不满足于知道印第安人的本性和他们的习俗和行为。在这些行为和习俗中，我探寻最遥远古代的痕迹。我仔细地阅读最早的作者的著作。这些作者描述了他们熟悉的这些民族的习俗、法律和惯例。我比较了这些习俗。"后来，传播学派的一些学者认为，拉菲托这本书的出版使人类学成为一门独立的学科。因此，他们推崇拉菲托为文化人类学的奠基者。

**维柯**（G. B. Vico，1688—1744年）

维柯是意大利学者，出生的年代正值文艺复兴晚期。这一运动的巨匠们掀起的以人为本、思想自由、理性革命的浪潮滋润了他的成长。1725年，他出版了论人类社会本质的名著《新科学》。后来，在此书的第三版中维柯又作了重大修改，该版代表了他最成熟的看法。该书试图提供一种人类行为本质的普遍解释，并以此为研究和理解具有共同人性的各种少数民族的不同行为提供一个基础。

维柯的《新科学》一书对后来文化人类学的影响有四点：其一是人与其他生灵区别开来的东西就是其制度的创造力。也就是说，使人成为人的就是"文化"的能力。这些制度综合起来，就等同于现代人类学所提出的文化的一般概念。其二是对这些制度体系的研究方法是真实的原始资料与理性分析的结合。维柯特别重视利用第一手资料，反对单纯地闭门玄想，这是他方法论的核心。其三是各个民族的文化都是独立发展的，都有其本身独特的历史。这些历史尽管事实上相互隔绝，但都要经历一定的发展阶段，即"神、英雄、人"三阶段。其四是所有的民族都沿着平行线前进，因为前进的动力来源于人的本性和人的需要。这无疑是19世纪进化论学派关于人的心灵统一体思想的早期版本。维柯的新科学不仅直接或间接地影响了对人的研究方式，还为19世纪文化人类学的创建提供了肥沃的土壤。他提出的问题和概念成为贯穿以后人类学历史的主线，同时为欧洲思想构筑了理性背景。这种思想奠定了后来的博阿斯等一代人类学家理论探索和方法论的范围。

**孟德斯鸠**（Baronde Montesquieu，1689—1755年）

孟德斯鸠是18世纪法国启蒙运动的重要代表人物之一，曾著有《波斯人信札》《罗马盛衰原因论》和《论法的精神》。现代著名的人类学家杜尔克姆和普里查德认为："孟德斯鸠不仅是社会学和人类学思想的先驱，而且是这两门学科的奠基者或创立者。孟德斯鸠的代表作是《论法的精神》。此书研究的是人类社会的发展规律。他很早就开始采用泛文化的视角进行各个民族文化的比较研究，充分考虑了人类文化的多样性。在该书中，孟德斯鸠第一个强调了这样一种思想，即人类及其社会与“法”紧密相联。在他看来，任何一个社会的“法”都包括两种，即自然法和人为法，前者源于人类作为单纯生物体的本质。这种本质要求人遵守和平、生存、相互亲近和社会生活这四条自然法；后者是人类组成社会以后的法律。

孟德斯鸠的研究非常接近后来的功能主义者的观点，这可以从他对宗教的研究中看出来。虽然宗教是荒谬的，但是它具有特殊的功能，即与统治的类型（或形式）有密切关系。他认为北欧人喜欢新教，南欧人坚持天主教，“理由是很明显的：北方民族具有并将永远具有一种独立和自由的精神，这是南方民族所没有的。因此，一种没有明显的首领的宗教，比一种有了明显的首领的宗教，更适宜于那种风土上的独立无羁的精神”。

**爱丁堡学派**

18世纪中后期，英国的苏格兰有一批著名的学者经常在爱丁堡讨论人性、人类进步、人类历史、宗教、风俗习惯与制度等问题，被后人称为“爱丁堡学派”。该学派对文化人类学思想发展有重要的影响。爱丁堡学派的主要代表人物是布鲁尔（D. Bloor）、巴恩斯（B. Barnes），主要成员有亨利·霍姆、亚当·弗格森（Adam Ferguson）等。

**亨利·霍姆（Henry Home，1696—1782年）**

亨利·霍姆是爱丁堡学派的主要成员之一。他的主要著作有《论道德与自然宗教的原则》和《人类简史》等。在《人类简史》一书中，他收集了全世界各地的人类学资料，并对美洲印第安人、美拉尼西亚人、波利尼西亚人、北欧的拉普人、鞑靼人以及中国人进行了比较分析和泛文化考察。亨利·霍姆是18世纪爱丁堡学派的代表人物。与孟德斯鸠一样，他也同意气候、土壤、食物以及其他外部环境因素对种族的形成有重要影响。在社会制度的研究方面，他立足于生产方式类型的划分，如狩猎、采集、畜牧和农业制度。他为今天的人类学家建立了一个准则：“人类学家不应当从个别的事实中得出普遍的结论，这一点常被做田野工作的人类学家遗忘。”

**亚当·弗格森（Adam Ferguson，1723—1816年）**

英国学者弗格森也是爱丁堡学派的成员。他的主要著作有《市民社会史》

《罗马共和国的进步与终结史》《道德与政治科学的原理》。弗格森认为，对于原始社会生活的研究是非常有价值的，可以使我们对较简单的社会与较复杂的社会进行有意义的比较。他将原始社会称作“原始的”“野蛮的”或“未开化”的社会。在《市民社会史》的第一章中，他对美洲印第安人做了富有洞察力的论述。

弗格森对人类社会持进步论的观点。他认为人类的进步是一个自然的过程，在人与动物之间有着巨大的区别。他指出：“人类进步的持续性和广泛程度要超过任何动物的进步。因为，人类不仅是个体，从幼儿到成年，而且是种本身从未开化到文明。”根据这一观点，我们可以构筑人类历史的各个发展阶段，其途径是通过观察原始社会土著的生活状况，如他们的“智力”“风俗与举止”“弓箭和标枪”等，从而判断他们所处的社会阶段。由于这些论述，弗格森被今天的学者认为是英国古典进化论学派的先驱之一。

**罗伯特森（W. Robertson，1721—1793年）**

罗伯特森是爱丁堡学派的成员。他的主要著作是《美洲历史》等。该书是关于美洲印第安人文化史的研究。他借助于民族志和考古学的资料，用进化思想来分析野蛮、原始和文明的不同文化形态。罗伯特森相信不同的地区存在着文化发展上的相似性，这主要是由自然环境造成的，说明了文化的独立进步和独立发明是可能的。他指出：“美洲狩猎者的性格与亚洲的狩猎者不会有多大区别……多瑙河畔的野蛮部落也必然与密西西比河流域大平原的野蛮部落相似……人类的气质与举止是由其境遇决定的，并在其所生活的那个社会状况中所形成。”

当代美国著名文化人类学者霍贝尔（A. Hoebel）认为《美洲历史》一书“是文化人类学发展史上的重要里程碑”。

## 第二节　文化人类学理论流派的产生、发展和演变

文化人类学在其长期的发展过程中产生了许多理论流派。文化人类学的主要理论流派有：古典进化论学派、传播论学派、历史特殊论学派、法国社会学派、英国功能主义学派、文化与人格学派、新进化论学派、结构主义学派等。如此众多的人类学理论，其实都在回答一个共同的问题：为什么世界上不同社会的文化会有差异？这是人类学最为基本的问题。

## 一、古典进化论学派

古典进化论学派是文化人类学历史上的第一个学派。它的产生也可以看作文化人类学作为一门独立学科正式诞生的标志。该学派活跃于19世纪60—90年代。这一时期文化人类学获得了迅速发展。该学派的产生应当从巴斯蒂安（Bastian）1860年出版的《历史上的人》算起，但其真正成熟的标志则应当是泰勒（Tylor）的《原始文化》和摩尔根（Morgan）的《古代社会》两部巨著的问世。

古典进化论学派主要代表人物有德国的巴斯蒂安、英国的泰勒、拉伯克、麦克伦南、哈登以及美国的摩尔根、瑞士的巴霍芬（Bachofen）等。

### （一）古典进化论学派产生的背景

古典进化论学派产生于19世纪下半叶，既有其学术自身发展的原因，也有深刻的社会背景。

1. 殖民扩张和殖民贸易的促进

从19世纪中叶开始，资本主义生产方式得到蓬勃发展，尤其是工业革命的发源地英国，在经济和社会各方面率先成为现代工业国，殖民贸易和殖民地统治达到空前的程度。当时英国人类学的奠基人之一约翰·卢伯克指出："研究野蛮人的生活，对英国特别重要，因为它是一个大国，它的殖民地遍布世界各大洲。"除英国外，法国、美国的殖民扩张也相当迅速。

在殖民者的扩张进程中，除殖民贸易和殖民统治官员的需要这一主要的社会经济因素之外，殖民当局的政府官员和传教士将他们在当地的所见所闻报道给国内，也引起人们的极大兴趣。因此，学者研究的方向也为之一变，从前专攻欧洲考古学和欧洲古代史的人，渐渐转向比较语言学、比较宗教学、异民族文化风俗的人类学研究。

2. 进化论启蒙者的思想为其奠定了基础

文化人类学及其第一个学派——古典进化论学派产生的思想根源，是19世纪进化理论的提出。不过，在谈到古典进化论学派的发展时，任何人也不能忽视19世纪之前一些进化论启蒙者思想的影响。

**卢克莱修**（Lukulasi，公元前99—公元前55年）

卢克莱修是古罗马的诗人，也是一位教师。他在一首诗中写道：

> 人类古代的武器是手，
> 爪甲和牙齿，是石头和树枝，
> 从树林里树上折下来的树枝，
> 和火焰，当它一被发现的时候。
> 之后，铜和铁的能力就发现了。
> 而铜的使用早于铁的使用，
> 因为它较为丰富，也较易对付。
> 人们用铜开始从事土地的耕作，
> 由它激起了战争的喧哗的浪潮。
> 之后慢慢地铁的刀剑兴起了，
> 铜制的镰刀就转而受人鄙视，
> 人们开始用铁去犁耕土地，
> 在结果难料的战争里面，
> 胜败的机会就变成相等。

从卢克莱修的诗歌中可以看出，他是一位目光敏锐的观察者和哲学家，总结了古希腊唯物主义哲学家伊壁鸠鲁的思想。他在诗歌里认为人类最初的武器是手、爪和牙，以后是石和树干，再后来有火，然后有铜和铁的熔炼。卢克莱修理解了各种事实的意义，并把它们总结成与文化发展相一致的理论，因此获得“第一个进化论人类学家”的光荣称号。

**奥古斯特·孔德**（Auguste François Xavier Comte，1798—1857年）

孔德是法国的哲学家，社会学和实证主义的创始人。他在六卷本的《实证哲学教程》中提出了人类理智发展的三个阶段说：“我们的每一种观点，每一个知识部门，都先后经过三个不同的理论阶段：神学阶段，又名虚构阶段；玄学阶段，又名抽象阶段；科学阶段，又名实证阶段。”对应这三个阶段人类社会的组织有军事、法律与工业三种形式，政治组织则有神权、王权与共和三种政体。

我们也曾在第一章提到，法国博物学家拉马克在1801年就认为“人类是某些猿类缓慢演变的产物”。而英国的罗伯特·钱伯斯在其1844年出版的《自然创造史的痕迹》一书中，也明确地提出过动植物的各种物种是由于“未知法则”和外部环境的影响才形成的。学者们所提出来的种种进化论思想，为古典进化论学派的产生奠定了基础。

3. 人类学研究组织的建立

在人类学资料及其研究不断发展的同时，相应的人类学研究机构也纷纷成立，也为古典进化论学派的产生起了十分重要的作用。

1839年法国巴黎民族学会（后于1858年改名为“人类学会”和“民族学会”）成立，是最早成立的人类学会。1842年美国民族学会 成立；1843年英国民族学会成立。同年，该学会出版了第一期学术刊物《人类学的记录和询问》，以指导人们如何进行人类学实地调查资料的记录。1863年，英国又成立了人类学会。1911年，英国的民族学会与人类学会合并成大不列颠和北爱尔兰皇家人类学研究学会。德国于1869年也成立了人类学、民族学和史前史学会。同年，该学会刊物《民族学杂志》创刊。

总之，古典进化论观念的产生是与当时的社会发展分不开的。由于地理知识的扩展，对世界的广阔博见以及石器和古人类考古学的论证，人们在对物种本身和对人类社会及其文化进行比较研究的时候，产生了一种思想观念。它与考古学、生物学、解剖学等各门学科的发展是紧密相联系的，即在各门学科发展的基础上产生了文化人类学的进化论学派。此外，人类学研究机构的纷纷成立也推动了其学派的发展。

### （二）古典进化论学派的主要学说及研究方法

1. 文化比较的观点

文化比较的观点是古典进化论学派一个重要的观点。现代人类学一开始就与进化论思想相联系，最初的研究者们都喜欢应用进化观念，把后进民族的社会及其文化与先进民族的古代社会和文化相比较，进行研究。因此，比较法也是古典进化论学派的研究方法，主要以此阐述进化论思想。

2. 建立在心理学基础之上

19世纪中叶以后建立起来的进化论学派理论，是建立在心理学基础上的，所以人们也称进化论学派的研究方法为心理的探进法。德国的巴斯蒂安最早建立起这种理论与方法。他在1860年出版的《历史中之人类心理学的世界观序论》一书中，提出了“基本观念”与“民族观念”两个名词。巴斯蒂安认为人类的心理都是相同的，表现在哲学、语言、宗教、法律、艺术以及社会组织等各个方面。人类都具有共同的基本观念，而这些基本观念又受地理条件制约，从而表现为不同的民族观念。因此，古典进化论从人类心性中探求进化规律。

3. 重视起源和发展

进化论者十分重视起源和发展，认为起源是一颗种子，决定一种文化或其任何部分之成长，因此进化论学派的研究主题就是起源与发展。他们研究一个事物或一种现象，看其如何产生，又如何发展和归宿，并从中寻求出规律。研究一切事物的产生条件是十分必要的，因为这些条件将以胚胎的形式包含在该事物发展的全部过程中，直至该事物的灭亡。这些条件在全过程中都会发生一定的作用。

### （三）对古典进化论学派的评述

古典进化论学派在人类学发展的初期起到了重要的作用。今天古典进化论观点仍然有着不可磨灭的影响。它的“由简到繁，由纯到复杂，由低到高”的变化法则仍然是颠扑不破的真理。然而，古典进化学派在理论和方法上仍然存在缺陷和不足之处，而为其他学派所指责。

比如心理一致说，这显然是唯心主义的理论。进化论学派认为相同的环境产生相同的行为，而行为又受心理的支配，同样的心理产生同样的行为，认为从同样的基点出发（原始的基点）顺着自然发展的历程，彼此的社会与文化就会有同样的发展阶段，所以在世界各地，发现风俗习惯与社会制度有类似的，便认为是环境相同、心理一致所形成的，并认为它们都是独立起源和发展的。因此，只要认定心理一致便可以了。

另外，进化论派的方法主要采用比较法，但他们在比较各族的文化因素时，常常截取一点，割断与整个社会的联系，即显其一点、不及其余。也就是说，古典进化论者从各个不同的社会中抽取其片断现象加以比较。这种比较仅求其外表或形式上的类似，却不管其功用是否相同。比如从甲社会抽取一种现象，从乙社会抽取另一种类似的现象，集合若干类似现象，再根据由简而繁、由纯而杂的规律，人为地编排成发展顺序，如果甲部族没有的，则从乙部族抽取，认为甲部族没有仅仅是因为缺乏资料、尚未发现而已，而各民族的历史很难有各个发展阶段齐全的。因此，进化论者为了说明自己的观点就从各个社会中抽取表面现象，加以拼凑。这就势必陷入主观唯心的泥潭。

## 二、传播论学派

传播论学派又称为英国传播论学派或德奥文化圈学派、文化史学派或历史学派。以英国的史密斯（G. E. Smish）为首，主张以埃及为世界文化的发祥地，认为其他各地文化均是由埃及传播去的。文化圈学派或文化史学派则是以德国的拉策尔（F. Ratzel）和格雷布内尔（F. Craebner）以及奥地利的施密特（W. Schmidt）神父为首。他们以传播文化圈理论来解释文化现象，认为一切民族都有其历史性，他们的遭遇大都是迁徙的结果，民族和文化在迁徙时互相接触、互相影响，因而可追溯其历史之变迁，由此又称为德奥文化圈学派或德国文化史学派。又因施密特的追随者大多为维也纳学者，所以也称为维也纳文化学派。

该学派认为不同地区或不同族群具有类似的文化现象，除了若干独立发明外，大多由传播而来，其中有因族群的迁移而传播的，有因借入而传播的，这种文化的传播常由一个中心点向周围扩散；同时也认为研究文化要素要从文化要素的地理分布来进行研究，从而可以建立起文化的历史层次或发展序列。

传播论的主要代表人物是英国的史密斯、德国的拉策尔和格雷布内尔、奥地利的施密特、美国的威斯勒。

### （一）传播论学派的产生

在人类学发展过程中，各时代的学者们在自己的研究领域中不断探索，或顺应时代的需要，或发现了先驱们的缺陷，于是进行新的解释，或进行一些修正、补充，从而产生不同的派别。传播学派就是因反对进化学派的观点而产生的。传播学派产生之时，当时世界各地民族志的材料已日愈丰富，充实了人类学的研究领域，为传播学派（文化史学派或文化圈学派）的理论和方法的产生提供了条件。同时在运用进化理论和比较方法时对不同地区的相对文化如何减少的演进在心里产生了疑问。

针对古典进化论学派的问题，传播论学者认为，文化是可以传播的。他们曾以玉米种植作为例子，来说明文化的传播。他们将玉米种植视为一种文化，并用考古资料来说明这个文化的传播。通过研究，他们认为在公元前5000年，墨西哥峡谷发现野生玉米；在公元前4000年，同样的地方发现有人会种玉米了；又到公元前3000年，墨西哥峡谷北部地区发现有人种玉米了；再到公元前1500年，南美洲也发现有人种玉米了。因此，玉米种植是传播性的，而不是各地自己独立种植的。

### （二）传播论学派的主要学说

与古典进化论学派不同的是，传播论学派认为人类的发明和创造有限，不可能到处重复，所以它把文化进化看成是不同民族和社会相互采借技术、经济、观念、宗教和艺术形式的结果。因此，它注重研究文化事物在空间分布上体现的时间过程。它拒绝心性一致说，强调用实证资料来确定文化特质的起源和传播途径，以此解释文化相似性和差异性的成因，这使它成为文化进化论与结构论之间的过渡环节。

1. 埃及中心论

这是英国传播论学派史密所构建的学说。这个理论认为人类的文明、全世界的文明都起源于埃及，埃及是世界文明的中心。世界上的文化如不含有埃及因素，就是退化的文化。埃及中心论又称为“极端传播论”“泛埃及主义”。

2. 文化圈和文化区理论

文化圈理论是以拉策尔为首的德国学者提出来的，因此他们又被称为德国文化圈学派。他们注重通过物质文化形态的比较来构拟区域（而不是全球）文化的传播过程。他们认为，文化或文明具有区域性，每个区域自有文化的创造和变迁中心。中心文化对外传播扩张，如同入水的石头激起的波纹。文化圈理论有空间和时间两个角度。空间的角度注重文化特质的分布动态，即在文化圈内的文化特质的中心和边缘；时间的角度侧重文化特质的叠压关系，即共处于一个文化中的不同特质在时间上的顺序后来居上，构成地层分布那样的文化层。

文化区理论是以威斯勒为代表的美国学者提出来的。这是他们根据印第安人的文化特点提出的。他们更强调细腻的经验操作，把空间缩得更小，把文化的要素分得更细，更加强调文化的整体关联性。例如把单一文化事项称为特质，如某种工具；服务于同一功能的特质构成一个丛结，如用于畜牧的诸种工具；关联紧密的不同丛结构成一个文化类型，如畜牧型文化；文化类型沿文化带分布（畜牧文化带），相关的文化带便构成文化区。

### （三）对传播论学派的评述

从贡献方面来看，首先，传播论提出的观点对后世影响较大，可以说是影响了全世界。某些文化特质具有传播性，直至今天仍能为人们所接受。以今天的中国为例，广东的文化和北方的文化是不同的，广东受港澳文化的影响甚于北方。这就是一种文化的传播。现代化文化集中于城市地区，而农村地区接受现代化文化就比较晚。其次，传播论提出了收集文化材料的方法，肯定了田野工作是人类学资料收集的主导方法。它还开创了注重本土概念的民族志的先河。在传播论学派的努力下，真正意义上的民族志开始成型。

传播论学派最大的缺陷是过分强调传播，而不理会独立发明，好像一切社会的文化都是由于传播，从而否定了各社会人们的创造能力。事实上，各个人类社会的文化既有传播也有独立发明。因此，古典进化论认为人类由于心理的一致而有同样的发展而否认传播，当然是缺乏科学根据的；而传播论学派则把人类文化的类似全归结为由于传播，否定人类的创造能力，也同样是不科学的。

## 三、历史特殊论学派

历史特殊论学派又称为历史文化学派、文化批评学派或博厄斯（Franz Boas）学派。博厄斯是这一学派的总导师。

### （一）历史特殊论学派产生的背景

1. 古典进化论学派和传播论学派的缺陷

19世纪后半期，人类学两大学派古典进化论学派和传播论学派占据了统治地位。然而这两个学派都存在明显的缺陷。比如古典进化论学派还停留在对社会文化现象的收集、描述和主观推论、演绎上，没能揭示文化的内在联系和人类社会的发展规律。这主要是因为古典进化学说限于当时文献资料及考古成果的缺乏，所以进化学理论也还缺乏足够的科学证据来证实其理论的正确。当时传播论学派的地理定论和传播进程说只能解释文化的个别现象，很难将整个文化进程进行科学的阐释。而传播论学派的埃及中心说更是牵强附会，没有科学根据。

2.博厄斯的学术成就和影响

在上述学术思想的背景下，当时的人类学界认为要建立起一个完善的综合性理论是困难的。博厄斯原先曾经接受进化论学说，后来研究了西北海岸的神话、艺术以及大量的社会组织和宗教资料，认为古典进化论和传播论学说理论上有许多不能解释清楚的地方。因此，他认为民族志资料的收集工作可以脱离理论的指导，民族学家只要努力收集资料，一旦有了足够的资料，理论上的是非问题就会迎刃而解。

由于受过严格的自然科学的训练，加上学识渊博、治学严谨，因此在20世纪的头二十年，博厄斯在美国的人类学界影响较大，在当时被称为美国“民族学之父”，博厄斯的学生和追随者很多，其中比较著名的有克罗伯（A. Kroeber）、本尼迪克特（Ruth Benidict）、米德（Margaret Mead）等。正是博厄斯及其学生们的成就，再加上他的学生们又控制了美国大部分人类学中心，因此博厄斯提出的“只有具体的事物才是历史的，只有历史的事物才是可靠的，科学的工作就是观察现象和收集资料，只要资料完备，一个个文化的整体机制就能得到显现”的观点方法在西方人类学界获得了广泛的响应。

### （二）历史特殊论学派的主要学说

1. 文化独立论（也称“非决定论”）

历史特殊论学派认为文化现象极其复杂，每一种文化的形成都有生物、地理、历史、经济等各种因素的影响，总之，是人与社会各方面因素相互作用的结果，绝非一种因素就能决定得了。上述各种因素的影响对每一种文化特性的形成，都可以说是决定因素，但其中某一种因素都不是唯一的决定因素。因为如地理环境或经济条件虽然都能影响文化的形成，但是其影响的程度要以原有文化本身的性质而定。同时，文化也反过来限制地理环境和经济条件的发展。

2. 文化发展非规律论

历史特殊论学派认为文化现象太复杂，不是一般规律所能包容的，因此，主张了解各民族文化的具体现象和发展，探讨某种文化现象的具体规律，而不必要建立普遍规律。博厄斯认为文化现象的复杂性决定其文化的特殊性，而众多的特殊性无法概括其普遍的规律性。因此，他认为古典进化论学派关于人类社会发展的阶段论是不存在的，比如印第安人的氏族制只是众多特殊性中的一个特殊代表，并不存在氏族制形成、发展和解体的普遍规律。

3. 人类有创造相似文化的本性

历史特殊论学派也反对传播化是人类文明发展的规律，更反对埃及中心说。他们认为文化圈公式不符合客观实际，太阳崇拜的理论是无稽之谈，而仅根据美拉尼西亚某些文化特征与美洲的有相似之处，就断定两者相互的联系，是缺乏科学根据的推论，是不能成立的。历史学派对传播和借用在文化发展进程中所起的重要作用是肯定的。博厄斯认为分面在互不相干的不同地区的人类有创造相似文化的本性，尽管分布在互不相干的不同地区，这就是人类发展平行说。由于人类的迁移、移动，传播和借用是不可避免的，加上独立发明比传播和借用困难得多，因此在人类文化发展的过程中两者都有相对的重要性。

4. 文化区域论和年代—区域说

关于文化区域概念，博厄斯认为可以根据不同文化特征划分地理区域。文化可以分析到最小的单位即文化特质，许多有关的特质构成文化综合体或文化丛，各个文化丛有相应的地域。以物质文化为根据的文化区域，与其他各方面的研究结果不尽相符，有的语言集团与文化区域全不相合。只有将相连接的地区的文化特质的分布绘成地图，证明各种文化形式的关系，从这个观点来观察文化区域，文化区域才有意义。关于年代—区域概念，博厄斯认为某种文化目前发达的地区不一定就是历史上此种文化的发源地或中心区。他认为每种文化都有时间性和空间性，文化的年代和区域之间的关系，就是时间越长、区域散布得越广，语言、习俗、礼仪等越古老，其遗迹离发源地就越远。

5. 文化类型和文化模式

这是博厄斯的学生克罗伯和本尼迪克特提出来的概念。克罗伯认为，文化具有许多类型。比如文化有“自足型”文化和“不自足型”文化，“整体文化”和“局部文化”，而近代也有乡村文化和都市文化类型。本尼迪克特则提出“文化模式”概念，这与“文化类型”概念具有同样的意义。她认为在不同文化中生活的人们具有不同的心理素质。“文化类型”和“文化模式”概念虽然比博厄斯的微观发展概念前进了一步，但是这种分类标准并不科学，往往带有分类者的主观臆测和唯心主义的成分，甚至带有种族主义的色彩。

6. 博厄斯的种族平等思想和文化价值观

历史学派在种族平等和民族文化的价值观念上是一致的，以博厄斯为代表，认为世界上各种族是平等的，没有优劣之分。他深入细致地进行人体测量，从各方面证明种族在天赋上没有差别。他从生物进化、脑的大小结构证实种族内的差异大于种族之间的差异。他认为任何一个民族或部落都有它自己的逻辑、理想、世界观和道德观，人们不应该用自己的一套标准去衡量其他民族的文化；每一个民族都有它的尊严和价值观，民族文化没有高下之分。博厄斯批评弗洛伊德和雷布洛的谬论，指出没有文字的民族和社会发展水平较高的民族的逻辑过程都是完整的。博厄斯认为印地安语言同样是完整的、严格的。

### （三）对历史特殊论学派的评述

该学派在积累民族学资料方面有一定贡献，在调查方法上利用统计学、细致描述、提倡各民族不分优劣等方面有可取之处和进步意义。不过，该学派轻视理论的指导作用，在理论上较少有建树。此外，该学派由于只注意收集资料，从而使文化人类学成为一种繁琐的记录；而过分强调各民族的个性，忽视共性，给人一种只见树木、不见森林的感觉，也丧失了规律性的总结。该学派还过分强调历史，从而失去了现实意义。

## 四、法国社会学派

法国社会学派又称为社会学年刊派、涂尔干学派，是人类学理论中较有影响的一个派别。涂尔干（E. Durkheim）是法国社会学派的先驱。法国社会学派的实际开创者则是莫斯（M. Mauss）。

### （一）法国社会学派产生的背景

在法国社会学派民族学产生之前，法国经历了18世纪以来的革命民主主义思想，如孟德斯鸠和“大百科全书派”，以及19世纪初期圣西门的空想社会主义，特别是孔德的实证主义。这些具有进步意义的思想对于法国社会学派有很大的影响，比如涂尔干就运用这些进步意义的思想来分析民族学资料。这样一些学者将法国社会学派列入进化学派，是有道理的。

19世纪中叶后，进化学派兴起，当时不少西方民族学界的人攻击进化学派的学说，尤其是摩尔根的社会发展阶段论，于是产生了传播论学派、历史特殊论学派和英国功能主义学派等。19世纪90年代兴起的法国社会学派不仅不反对摩尔根，而且还维护他的学说，因为涂尔干承袭圣西门和孔德的思想观点，确认人类社会自有它的真实存在和确实根据；人类社会是随着“进步”的势力而发展的。因此，法国社会学派从一开始以社会学分析法和进化论的观点研究民族学问题。也可以说，法国社会学派是在维护进化论的学说中产生的。

### （二）法国社会学派的主要观点及研究方法

1. 提出社会整体论观

该学派认为社会文化与生命形式一样，只是以整体的形式存在。整体对于个体具有超越性、支配性和强制性。一种社会事实不能脱离社会系统的整体去研究。

2. 提出了“集体意识”的概念

该学派认为社会学研究的主要对象应该是“社会事实”。判断社会事实的三大标准是：社会现象的外在性、强制性、普遍性。

3. 强调运用正确的比较法

该学派除了强调研究各种社会事实，从中得到对社会现象的建设以外，还强调正确运用比较法，因此又称为比较社会学派。

4. 偏重理论研究

涂尔干本人并没有做过任何民族学调查。他一再力主把社会学搞成一种纯理论的学科，不要与实践应用相关，可是他在分析研究别人调查的民族学资料时，却能提出一些正确的理论。莫斯也十分重视理论分析和归纳。

### （三）对法国社会学派的评述

以涂尔干、莫斯为首的法国社会学派的形成，稍晚于进化学派和传播学派。在进化学派和传播学派的对垒中，社会学派基本上是和摩尔根的进化学派站在同一阵线内的。它的理论从总体上讲不如摩尔根的系统和完善。不过，它的理论、观点除有很多与摩尔根相同之外，在有些地方还有补充和发展。如它的社会学分析法比起进化学派的人类心理一致说更为可取。该学派注意研究社会的物质结构，重视人口在社会发展中的作用，这是应该肯定的。它没有强调经济因素对社会发展的重要作用，因此不能不说是一大缺陷。

在西方民族学界，法国社会学派作为进化派的一支，在某些具体研究中较其他学派接近历史唯物主义。比如涂尔干认为图腾主义是最原始的宗教和普遍的现象；图腾是某种动物或植物的象征化和宗教化；最原始的宗教是氏族的宗教，表现为氏族共同的图腾信仰；社会是宗教生活的源泉，神圣只是社会的变象，是社会的象征，这类观点是比较接近历史唯物主义的。又比如莫斯主张同时用心理学的和生物学的根据来进行民族研究。这也是未尝不可的。最初人类刚从动物界分离出来的第一步是制造最粗笨的工具，而人类的发展有着漫长的历史，生物学的规律或者自然的规律在人类的初期可能有一定的作用，只是随着人类的发展，生物学规律的作用逐渐减弱，同时社会规律日益加强。正如恩格斯在《反杜林论》中提到“兽性的人”，随着社会的发展，“兽性”日趋消失，正是这个道理。

莫斯的社会形态学概念虽说不同于马克思主义的五种社会经济形态，但能注意从物质经济生活方式着眼，并注意人口学的因素和认为社会是存在于时间和运动之中，这是应该肯定的。总之，社会学派在研究具体问题上有一些可取之处，应加以肯定。

法国社会学学派的方法在理论上影响了英国功能主义学派，尤其是布朗的结构功能学说。布朗坚持认为涂尔干是使用功能概念的第一个人，并宣称自己是祖述涂尔干学说的；莫斯关于互相结合的原则给列维·施特劳斯提供了考察分类制度的出发点。因此，法国社会学派在西方民族学界有一定的地位，甚至被认为“实际上现代人类学的基础是涂尔干和他的法国社会学派在19世纪90年代确立的”。在实践上，法国社会学派民族学同样是为殖民主义政策服务的。

## 五、功能主义学派

20世纪20年代，英国人类学界出现了一个具有重大影响的学派——功能主义学派。它是从社会功能的角度去研究文化现象的理论流派。它的产生不仅吸引了文化人类学者的注意，而且对以后美国社会学的发展也产生过推动作用。该学派的主要代表人物是布罗尼斯劳·马林诺夫斯基（Malinowski）和拉德克利夫·布朗（A. R. Racliffe Brown）。

### （一）功能主义学派产生的背景

1. 政治方面的原因

功能主义学派产生于20世纪20年代初的英国。当时的英国资产阶级早已完成了产业革命。继英国之后，法、德、美等国在19世纪也相继完成产业革命。产业革命促进了资本主义生产力迅速发展。资产阶级为推销产品寻找市场，同时为扩大生产寻找原料基地，在追逐利润和贪得无厌的生产发展过程中必然进行大规模的武力拓殖，以打开别国的门户，使别国沦为自己的殖民地和商品市场。到第一次世界大战前夕，单就英国的殖民地已扩张到3350平方千米，相当于英国本土的100多倍，亚洲、非洲、拉丁美洲、大洋洲到处都有英国的殖民地，受英国控制的殖民地人口比英国本国的人口多9倍以上。殖民主义者对殖民地人民的掠夺和残酷统治，激起了殖民地人民的强烈反抗。第一次世界大战后，这种反抗日益激烈，几乎动摇了英国殖民主义者的统治。在这种情况下，英国政府需要寻找一种新的统治方法，以挽危局。这样一个任务就历史地、必然地落到了英国社会人类学界的身上。英国政府希望社会人类学者帮助弄清殖民地土著居民的社会状况，并提出相应的统治办法。

上述殖民地危机在非洲暴露得最为充分，非洲的英国殖民地当局，以及德国和法国的殖民地当局都不重视非洲社会原有的各种传统制度。他们破坏一切旧的氏族部落制度。但非洲和其他殖民地国家不同，在那里没有大地主和买办资产阶级可以作为殖民当局的依靠，殖民当局破坏了氏族部落制度，等于消灭了可以依靠的部落首领和氏族长老。殖民当局深深感到殖民制度陷入危机，于是开始采纳马林诺夫斯基的办法，保存氏族部落组织和思想意识、风俗习惯，基督教和原始氏族宗教和平共处，保护公社土地所有制，树立部落首领的威信和地位。于是对氏族部落各族采取了从直接管理过渡到间接管理的办法。这种间接管理的办法在非洲大陆得到最充分和最广泛的实施，与此有关问题的理论研究也主要是在非洲大陆进行的。

总之，为了对殖民地进行更有效的管理，如何利用“土著社会制度”，要求殖民地官吏必须了解这些社会制度，懂得这些制度在氏族社会中所起的作用（即功能）。功能主义学派就是适应殖民地管理的需要而诞生的。

2. 学术方面的原因

首先，实地调查研究技术。在19世纪中后期实地调查的基础上，20世纪初已有了进一步的发展，一些受过训练的学者组成了科学探险队进行实地考察调查。功能主义的方法论就是通过实地专业调查发展起来的。其次，19世纪末至20世纪初，欧洲民族学和社会学的许多学派都盛行文化比较法，布朗就深受此影响。再次，功能主义思想的萌芽还得力于其他学派的成就，比如在达尔文的进化论问世之前，学者们一般注重对静的组织和不变形式的研究；进化论问世后，人们开始重视对动的模式和冲突过程的研究，即从侧重事物的“结构”转而到侧重事物的“功能”，但尚未形成系统的理论。马林诺夫斯基和布朗他们集半个多世纪来蕴藏在生物学、心理学、哲学和社会学界的功能主义思想，使之系统化，并提出来作为社会人类学的理论和方法。

### （二）功能主义学派的诞生和发展

1. 诞生的标志

1922年，英国学术界出版了两本重要的人类学著作，一本是拉德克利夫·布朗的《安达曼岛居民》，对安达曼岛的仪式风俗进行了深入的研究；一本是马林诺夫斯基的《西太平洋的航海者》，对新几内亚东南特罗布里恩德岛人的一种特殊的交换制度“库拉圈”进行了详尽独到的分析。这两本著作标志着功能主义人类学的诞生。

2. 发展的两个时期

功能主义自诞生后，经历了两个发展时期。这两个时期也是两位功能主义大师活跃的时期。

第一时期，即1924—1938年。这是马林诺夫斯基需要功能论的主导时期。这个时期以马氏为主帅，大本营在伦敦经济学院，田野工作在太平洋诸岛。研究主题是生活史（包括家庭、经济和巫术），承接的是英国人类学家詹姆斯·乔治·弗雷泽（James George Frazer）和芬兰人类学家爱德华·亚历山大·韦斯特马克（Westermarck）的课题，关键概念是文化的制度和功能，相关学科是心理学和经济学，强调的是文化制度对人的生物和心理需求的满足。

第二时期，即1939—1955年。这是拉德克利夫·布朗的结构功能论的主导时期。这个时期以布朗为主帅，重心在牛津大学，田野工作在非洲大陆。研究主题是亲属和政治制度，承接的是美国人类学家托马斯·亨特·摩尔根（Thomas Hunt Morgan）、英国人类学家亨利·詹姆斯·萨姆那·梅因（Sir Henry James Sumner Maine）、美国人类学家威廉·里弗斯（W. H. R. Rivers）的课题，关键词是社会与结构，相关学科是社会学和政治学，强调的是社会结构平衡和人与文化对结构的适应。

### （三）功能主义学派的思想及特点

功能主义学派的主要学术思想，体现在马林诺夫斯基的需要功能论和布朗的结构功能论中。

1. 主要学术思想

马林诺夫斯基的需要功能论认为，社会中的每一个文化要素都是有特定功能的，它产生的目的在于满足该社会的某种需求。比如，文化是人的需要的体现，具有满足需要的功能。人们的需要有相同的地方，故功能也存在相同的地方。此外，尽管人类的生理需求基本相同，但满足这些需求的方式不同，所以产生了不同的文化。

布朗的结构功能论认为，社会生活中的每个风俗与信仰在该社区的社会生活中扮演着某些角色，恰如生物的每个器官在该有机体的一般生命中扮演着某些角色一样。安达曼人的信仰仪式的功能就是促进该社会的团结与凝聚力。无论是整个社会还是社会中的某个社区都是一个功能统一体，构成统一体的各部分相互配合、协调一致。研究时只有找到各部分的功能，才可以了解它的意义。

2. 特点

一是以结构功能观点研究社会文化；二是对现实应用，以及对田野工作、调查方法和叙述手段的强调；三是开放的研讨班教学和质量优异的民族志专著；四是共同体成员之间的强烈认同（包括长幼有序如家人的气氛）。

### （四）对功能主义学派的评述

功能主义强调的共时研究和应用研究拓宽了人类学的领地。它表明人类学的真正研究对象不是文献和遗俗中的玄理奥义，而是寻常百姓家的日常生活。它把人类学从书斋带到田野，从历史带到现实，从对文化的建构带到对社会生活的直接观察和详细描述。它确立了田野工作的典范，并把人类学应用于对复杂社会的研究。

功能主义学派认为文化来自生存需求，生存本能要求人类创造出各种文化以满足其需求。每一种文化都有为生存而发挥的功能，人类社会所有的风俗习惯和典章制度，都必须考虑其在维持社会结构上所担任的角色，各种功能的相互作用使社会具有生命力。这种说法对于某一个社会本身是可以理解的，但它仍然是一个封闭体。在这封闭体内，各种文化的主要功能是为了维持这个封闭体的生命。对于这个封闭体的历史发展一概不问，显然不是历史唯物主义的。

## 六、新进化论学派

新进化论学派抛弃人类心理的不断完善是人类文化或社会进化的动力的观念，认为技术—经济是文化或社会进化的决定因素。

新进化论学派的旗手是莱斯特·阿尔文·怀特（Leslie Alvin White）。主要代表人物还有朱利安·斯图尔德（Julian Steward）、塞维斯（E. R. Service）和萨林斯（M. Sahlins）。

### （一）新进化论学派产生的背景

新进化论学派的产生背景首先是古典进化论学派的缺陷及其他学派的兴起；其次是当时自然科学的发展，比如能量学说和热力学规律的发现；此外，美国学者怀特等人的努力。

应该说，进化主义思想的复兴是20世纪50年代末人类学非常显著的进步趋向之一。在对于“进化”这个问题上，不同的作者都试图按不同的方法来弄清楚“进化”一词本身的准确含义：它是否必然意味着有目的和不可避免的变化？或者意味着由低级向高级、由简单向复杂的过渡？或者只意味着适应程度的提高？是否可以将达尔文生物学中的物种进化学说运用于人类文化等。总之，经过谈论人类文化进化都被认为是不能接受的这样一个长时期以后，即经过许多学派的探讨和争论，“进化”概念重新赢得了合法的权利，进化论的思想在人类学界又重新得到尊重。

新进化论学派产生的标志是华盛顿人类学协会为纪念达尔文的名著发表100周年（1858—1958）而举行的一次专门的讨论会。讨论会以特刊形式出版了一本名为《进化和人类学：一百周年的评价》的论文集。怀特在其中的一篇论文《文化人类学中的进化概念》中写道："现在有迹象表明，文化人类学中反对进化主义的时代已接近结束。我们似乎走出了黑暗的山洞，或者已从恶梦中惊醒。为了同这种有益的科学概念（进化）作斗争，我们耗费了许多宝贵的时间，然而进化理论在文化人类学中重新占有了自己的地位，显示了自己的价值，如同在其他科学领域早已如此一般。"

### （二）新进化论学派的主要思想和观点

1. 主要思想

新进化论学派的主要思想：文化进化的标志是人类获取能量的增长，技术—经济是文化或社会进化的决定因素。整个人类文化的进化历史分为四个主要阶段，其一是依靠自身能源即自身体力的阶段；其二是通过栽培谷物和驯养家畜，即把太阳能转化为人类可以利用的能量资源的阶段；其三是通过动力革命，人类把煤炭、石油、天然气等地下资源作为能源的阶段；其四是核能利用阶段。

2. 学派内部存在不同的观点

普遍进化论是以怀特为代表的观点，认为世界上存在着同一文化进化过程。这种文化进化就是人类利用能量总量的提高或利用能量之技术效率的提高。

多线进化论是以斯图尔德为代表的观点。这种观点认为，各种文化都有自己独立的发展路线，世界上并不存在统一的文化进化过程。

一般进化与特殊进化是塞维斯、萨林斯提出来的观点。这两位分别是怀特和斯图尔德的学生。他们把怀特和斯图尔德的思想融为一炉。这种观点认为，世界上各种文化在适应各自的自然与社会环境时，会呈现出多种姿态，即形成具体的进化过程；而这些具体的进化过程都反映了能量总量获得的提高或利用能量之技术效率的提高，即反映了一般的进化。

### （三）对新进化论学派的评述

新进化论学派充满着乐观主义和对人的创造力的信赖。然而，新进化论学派的进化论不是19世纪简单化的进化论：这是为文明时代人类学的全部成就所丰富的科学的世界观。正如我们所看到的，新进化论学派的世界观既有动态的结构主义的因素，又有文化相对主义的合理内核。

不过，新进化论学派也受到了批评，包括马克思主义的批评在内，责难怀特最多的正是他的这种“工艺决定论”。尽管怀特关于各种因素的“相互作用”提出了附带条件，但这种决定论事实上是他理论的弱点，即他理解历史过程的某种简单化。苏联的著述对于斯图尔德理论的薄弱方面，特别是他忽视人类历史一般上升发展进程的思想，不了解阶级以前的社会制度和阶级社会制度质的区别，对于人类劳动对自然环境的积极的反作用估计不足等方面，提出了公正的批评意见。

## 七、结构主义学派

结构主义学派又称为结构主义人类学。结构主义人类学的核心概念是“结构”，基本方法为“结构分析”。它是从“结构”的角度来分析人类及其文化的学派。结构主义人类学的“结构分析”是指在研究过程中将一切关系最终都还原为两项对立的关系，每个关系中的每个元素都可以根据自己在对立关系中的位置，被赋予其本身的社会价值。

结构主义人类学的代表人物是法国的列维·施特劳斯、英国的埃德蒙·利奇（Edmund Leach）等。

### （一）结构主义学派产生的背景

20世纪50年代以后，在艺术、文学、科学和哲学等各个领域中，原有的一些基本概念发生了迅速变化。这首先是由于语言学、音位学和美学等的发展，产生了一种新的概念。这种新概念又影响到人类学、历史、哲学和政治等各个领域，并成为这些领域中的基本方法。这就是结构主义学派所创建的解释事物的原则或方法。

第二次世界大战前后，存在主义哲学发展到了顶峰，当时的每一种文学和哲学活动都以人的意识为出发点。但自20世纪50年代后期起，存在主义对西方世界出现的形形色色的社会问题无法给予解释，特别是在当时的法国社会，社会矛盾特别突出，人们对存在主义以自我为中心的颓唐情绪已经厌倦，并且怀疑人的能力。于是人们在哲学和社会学方面提出了逃避主义的结构主义概念及其方法，企图解脱自我，而从周围事物的联系中寻觅出路。由于当时出现的形形色色的难以解决的社会问题，使人们不能不怀疑人的“主体”意识的正确性，不能不怀疑人的自由，并确认自由所受到的限制。于是人们就去寻找这种限制及其形成的原因，企图获得自我解脱。

与此同时，在学术方面，语言学、美学等领域中，特别是语言学领域中，结构概念获得了极大的成功，于是其他科学也想运用这一新概念和方法来解释和研究本学科的一系列问题。其中人类学家极其自然地考虑到了运用结构概念来解释社会现象。他们企图在文化与社会行为的背后寻找出基本的结构来，以解释扑朔迷离的社会文化现象。他们认为如果找出这种基本结构，无疑是找到了一把解决问题的钥匙。

### （二）结构主义学派的主要思想和研究方法

1. 结构的概念

结构主义的“结构”一词包含两个方面的含义：一是指各个事物的构造形式或外表；二是指各个事物的组成成分或构成原料。

2. 主要思想

结构主义试图为各门科学提供一种普遍有效的方法。依据这种方法，人们可以把自己所遇到的现象整理成系统的整体。它不但要解决某一系统内现象之间的相互关系，而且要找出各个系统、各个领域现象之间的关系，打破这些现象之间的绝对界限，使之连成一个统一的整体。

结构主义学派认为，一切关系最终都可以还原为两项对立的关系，每个关系中的每个元素都可以根据自己在对立关系中的位置，被赋予其本身的社会价值。因此，要求人们尽可能找出各个现象的对立关系。

3. 研究方法

结构主义方法最显著的特点是它对整体、总体的强调。它的基本信条是研究联结和结合诸元素的关系网络，而不是研究一个整体内部的诸元素。结构主义方法认为，只有通过存在于部分之间的关系，才能解释整体的部分。

### （三）对结构主义学派的评述

结构主义人类学的独创在于，这个学派不是向社会事实或社会关系，而是向人类的心智去求取在普遍性、确定性和价值无涉性等方面堪与科学相媲美的“结构”。不过它也是一种形式主义的社会人类学研究。它把结构主义语言学的几种理论用作人类学研究的模式，其特点是忽视研究对象的社会性内容。

## 第三节　文化人类学研究的领域

从文化人类学的发展史来看，文化人类学研究领域较为广泛，涉及方方面面。如果仔细考察文化人类学各流派所涉及的问题，大体可归纳出文化人类学的研究主要集中在以下领域。

### 一、亲属制度研究

亲属制度是反映人们的亲属关系以及代表这些亲属关系的称谓的一种社会规范，通常又称为“亲属称谓制度”或“亲属名称制度”。对于亲属制度的研究，古今中外的人类学家都很重视，只是出发点和深入的程度各有不同。

美国人类学家摩尔根是第一个注意到亲属称谓的社会学意义的人，亲属称谓研究也是由他首创的。摩尔根认为，亲属制度的基础是家庭（家族）形态，家庭（家族）在不断地变化，而亲属制度却表现出滞后的特点。因此，考察亲属制度可以找出已经消失的古老的家庭形态。

#### （一）亲属制度研究的意义

人类学对亲属称谓、亲属关系、亲属制度非常感兴趣。为什么呢？是因为好奇吗？

我们知道，人与人之间的关系是许多学科都感兴趣的话题。文化人类学也不例外。为什么有些人之间关系很亲密，而另一些人之间没有关系，互不来往？我们可在什么情况下预知某些人会在什么样的情况下采取什么样的态度对待其他人呢？一般而言，就要看他们之间是一种什么样的关系，比如血缘关系、经济关系。在原始社会当中，人们之间的关系是建立在血缘关系的基础上的，而在后来的社会形态当中，经济关系成了主要的关系，但并不等于说血缘关系在这样的社会形态中就不重要了。

那么，文化人类学家是如何研究不同人之间的态度呢？他们是用地位和义务来描述这种态度的。所谓地位，是一个人与他人产生相互行为时所处的位置，比如在婚姻中，有丈夫和妻子的地位；在办公室里，有上级和下级的地位。每一种地位都有相应的义务。通过分析不同人的地位和义务，可以发现制约人们行动的各种规则或规范，也就是文化人类学所说的制度。

研究亲属称谓可以知道亲属关系，研究亲属关系可以发现亲属制度。而亲属制度是社会结构中最为基本的一种组织原则。

### （二）亲属分类的原则

人们怎样划分亲属？是按生物学原则去划分的吗？有血缘关系的人才叫亲属吗？不是的。亲属关系是文化的产物，它虽然以生物学原则为起点，但二者并不完全相等。我们知道，不仅有“血亲”和“姻亲”，而且还有一种“过继”的亲属关系，当然这种关系也归入“血亲”的一类中。

一个人的血亲和姻亲关系非常多，不可能都使用同一种称呼，因此要将亲属分成若干类，首先必须要有原则。

有关亲属分类的原则，文化人类学界说法不一。不过，克鲁伯（A.L.Kroeber）发表的一篇论文很重要，题目是《亲属关系的分类系统》。他提出了八大原则，目前仍然可以作为参考：辈份原则、年龄原则、直系旁系有别的原则、性别原则、称呼者本身性别的原则、中介亲属性别差异的原则、婚姻的原则、亲属关系人存殁的原则。

### （三）亲属制度的功能

恩格斯指出：“亲属关系在一切蒙昧民族和野蛮民族的社会制度中起着决定的作用。”当时人们赖以结合的基础是血缘关系，人类群体既是血缘团体，也是生产集团，包含生产关系和一切社会关系的萌芽在内。亲属制度不仅是一种称谓，而且体现了人们之间的相互关系，体现了团体内人们相互承担的义务。在人类社会的发展中，人类亲属制度的具体功能有：①社会功能，即调整婚姻关系，比如继嗣群（即以亲属关系组合成的群体）之内禁止通婚（“乱伦禁忌”）；②经济功能，即在生产中发挥着作用，比如某继嗣群统一土地的使用和管理；③政治功能，即在原始社会或氏族社会中，族权往往与政权合而为一；④宗教功能，即维系着亲属的精神世界，比如每一个继嗣群或家族都有自己崇拜的祖先和神灵。

### （四）关于亲属制度的理论

有关亲属制度的理论，主要有继嗣理论和交换理论。继嗣理论是一种纵向地看待亲属制度的理论。这种理论把亲属关系看作是由祖先和后代传承关系，考察的主要是血亲关系。交换理论是一种从两性之间的关系的角度看待亲属制度的理论，考察的主要是姻亲关系。

## 二、宗教信仰和仪式

### （一）什么是宗教？

一般而言，宗教都包含两个因素：一是超自然的或神圣的内容；二是它必然表达一种思想体系。概括起来说，宗教可以被视为一种社会观念的系统。它包括了一系列的信仰及表达这些信仰的行为。此种信仰和行为使人类与超自然的神灵发生关系，并且反过来深刻影响到人类社会生活的安排。宗教的主要内容包括宗教师、信仰者、超自然神灵、信仰、仪式、象征的表述形式等事项。

100多年来，对宗教的解释最有影响的主要是以下几种观点：

1. 进化论的观点

在古典进化论学派中，泰勒（Tylor）是在文化人类学领域较早对宗教的起源和发展提出系统看法的人。他认为，宗教信仰的产生与梦、幻觉和死亡等现象有关。在人类的梦境和幻觉中，已死去的人、远方的人、森林中的野兽，都可以出现在眼前。这种实际上并不存在但又栩栩如生的形象，对于原始人而言，似乎是暗示出每种东西（生物或非生物）都具有两重性：一种是物质的、可见的实体；另一种是精神的、不可见的灵魂。这种两重性的存在，就形成了一种宗教信仰的基础，泰勒称之为“泛灵信仰”，这就是“万物有灵论”的观点。根据泰勒的观点，宗教信仰是由低级到高级进化的，即由泛灵信仰到对神的崇拜，再由多神教发展到一神教。这些观点在他的《原始文化》一书中得到了充分的阐述。泰勒所创造的“泛灵信仰”的名词，已经为学术界所公认，成为约定俗成的科学名词。

2. 功能主义的观点

对于宗教具有普遍性的原因，有些人类学家认为这是一种功能的需要，因为它有助于克服人类心理上的不安。如马林诺夫斯基在《群体与个体的功能分析》一文中就主张，宗教乃是对个人的焦虑和疑惧的答复，如果这个问题不解决，则人类的社会亦难以巩固。举例来说，对人类心理威胁最大的就是死亡，但是通过宗教，“人们增强了信心，相信死亡并非最终结局，因为每个人都有灵魂，即使是在肉体死后，它还能生存下去”。

3. 心理学的观点

弗洛伊德认为，宗教是整个人类的固执型神经官能症。信仰宗教其实就是一种心理变态。第一，宗教仪式和固执型神经官能症外在特征很相似，有这种官能症的精神病人总是产生无法控制的、纠缠不清的念头、回忆和恐惧，患者总是借助所谓的防卫仪式来摆脱这种困扰。第二，两者本质上也相似，都是在压抑自己的本能。只不过精神病患者压抑的是他们的性欲本能，而宗教徒压抑的是利己的、危害社会的本能。这些观点反映在他的《图腾与禁忌》一书中。

有人认为，弗洛伊德用“泛性论”来解释宗教的起源，其根据主要是精神病人的精神活动与他自己的心理经验，很难说有什么普遍意义，以之作为宗教起源的唯一原因显然是牵强附会的。

4. 法国社会学派的观点

涂尔干认为，宗教的实质乃是一个社会的集体观念。每一个社会均能分布出两种性质不同的现象，即神圣与世俗。前者是可敬可畏的超自然，后者则为普通的日常生活。宗教信仰即某一个社会对于神圣观念的表达。这种观念有时可以象征化，通过十字架、雕像、图腾而显示，但这些崇拜物并不能自动变为神圣，神圣的意义乃是社会赋予它们的。

有些学者认为，涂尔干的理论难以成立，即所谓“自然”与“超自然”、“世俗”与“神圣”的划分，往往是研究者主观的划分，而非原始民族本身的意识。其实在许多社会里，这两者根本不存在清晰的界限。如中非扎伊尔伊图里森林中的姆本蒂人，以大森林为崇拜的对象。在他们看来，森林并非超出现实之上的神秘力量，而是一个关怀他们的慈母，一个与他们休戚与共的实体，因此必须用具体而实际的手段去对待和祈求。

5. 象征人类学的观点

用象征人类学的观点来解释宗教的学者，主要以格尔茨和列维·施特劳斯作为代表。他们认为宗教是一种象征，提供了一种将复杂的现实变成概念化的模式，因而具有强烈的感染力，并且为人类的存在提供理论依据。

格尔茨认为，宗教提供了一种解决问题的框架，使个人可以明了自己在宇宙中的位置，并对若干人类自身无法答复的自然现象提供答案，从而使生活具有意义且可以被理解。

列维·施特劳斯则以神话为例来解释宗教。他认为，体现在神话中的象征性表达被安排成了一种共同的模式。这样神话就成为一种象征性的公式，其目的在于解决社会内部不同准则的价值观之间的矛盾和不同道德观念的分歧。

6. 马克思主义的观点

马克思和恩格斯以唯物史观对宗教进行了分析。他们认为，宗教作为一种社会观念，与法律、政治、哲学等其他观念一样，都是社会的反映。这种反映并非客观的，而是虚幻的、歪曲的，是“颠倒了的世界”。宗教产生的原因是原始社会低下的生产力和贫乏的知识使人们在大自然面前无能为力，对大自然产生了敬畏感和神秘感。“宗教是人民的鸦片”，具有抚慰和麻醉作用。

### （二）宗教和巫术的区别

宗教和巫术都是人类的信仰，但两者区别何在？人类学家弗雷泽（Frazer）在他的那本名著《金枝》里对它们做出了区分。他认为一个信仰是不是宗教，关键是于信仰者是不是感到自己能够造出一个实体的东西或力量照他们的命令去做。如果他们感到自己不行，感到自己卑下，想恳求神的恩惠或恩赐，他们的信仰和行动从根本上来说就是宗教的；如果他们认为自己已经能够控制住支配事物的实体和力量，不感到需要谦卑地恳求恩赐，他们的信仰和行动就是巫术。

### （三）宗教仪式的种类及其内容

宗教活动的共同特征之一是它的例行性及重复性。宗教仪式就是例行化的宗教程序和过程。社会成员通过一系列特殊的行动以显示其信仰。因为这种动作往往是集体的、高度程式化的，从中可以传达社会认为有价值的观念，所以仪式可视为信仰的具体体现。

宗教仪式主要分为两类，即生命仪式和加强仪式。

1. 生命仪式

生命仪式的举行，象征一个人生命中一个阶段结束，进入另一个阶段。与此相应的是由一种社会环境转移到另外一种社会环境。如出生、成丁、结婚、生锈育女、死亡等，都是举行此类仪式的时候。

2. 加强仪式

生命仪式只与一个人生活的不同阶段有关，但加强仪式则是以社会集体作为单位而进行的。其目的是促进或加强与人类生存休戚相关的自然过程，或是坚定社会的某一价值观念或信仰。

如在中国过去实行锄耕农业的珞巴族，凡选地、砍伐、翻地、播种、除草、收割直至粮食归仓，都要举行一系列的祭祀活动。当代欧美社会中基督教的周末礼拜同样是一种加强仪式，其目的是为了加强信徒的信仰。

宗教仪式的内容主要体现在：①祈祷；②音乐舞蹈；③肉体刺激（如服用麻醉药等）；④讲道；⑤朗诵教规；⑥模仿（如装扮成动物庆祝丰收、装神弄鬼以驱逐病痛等）；⑦圣物和禁忌（如触摸圣物以求福、禁食某种东西等）；⑧举行宴会（如基督教的圣餐、图腾餐等）；⑨牺牲（如向神奉献少女、“河伯娶妇”等）；⑩集会（人们集合起来，自己拜神或观察巫师或祭师拜神等活动）；⑪灵感（也就所谓神灵附体，被附信徒或状若疯狂，或出神静坐，或以行动治病，或预言祸福等）；⑫神圣符号（一般都有绘画、雕像或塑像、面具等作为神的代表）。

除了研究亲属制度和宗教及其仪式外，文化人类学的研究还涉及社会团体和政治组织，以及经济与交换等领域。

## 第四节　文化人类学的“六观”及“六方法”

文化人类学作为一门独立研究人类文化的学科，形成了自己的基本观点和研究方法。

### 一、文化人类学的“六观”

文化人类学的所谓“六观”，即文化整体观、文化相对观、文化普同观、文化适应观、文化整合观和地方知识观。

### （一）文化整体观

文化人类学的文化整体观，即在研究人类社会时必须探究和调查该社会所有层面的东西，无论是物质层面的生存工具，还是作为观念和精神层面的宗教信仰，都必须加以调查和研究。

在人类文化研究中，应该把各种文化现象作为一个有内在联系的整体进行探讨。其实，也就是人类学在研究时，首先必须多角度、多方位地进行研究。比如人类学家在描述某一人类群体时，可能会论及这些人所生活地区的历史、自然环境、家庭生活结构、语言的一般特征、村落模式、政治经济体制、宗教以及艺术和服饰风格等。又比如，研究某地区某人类群体的经济发展状况，全面描述他们的经验演变过程，就必须考虑那里的礼仪、禁忌、风俗和家庭关系等非经济因素的影响和联系。其次，必须认识到每一个民族的文化都是各自形成一个完整的系统。比如，不同的民族的生活方式是如何形成并传递给下一代的。从另一个侧面讲，研究一个文化，既要关注共时性（横向）的文化形态，也要关注历时性（纵向）的文化形态，即应把人类及其赖以生存的社会文化当作一个整体来看待和研究。再次，研究人类文化视野要广阔，文化人类学不仅要关心现代人，还要关注所有历史时期的人。文化人类学研究者不像其他学科的研究者只局限于周围或有限区域之内，而是直接地指涉全世界的人类及其文化。

### （二）文化相对观

文化人类学的文化相对观是指在研究人类的文化时摈弃那种“民族自我中心主义”（ethnocentrism）观念。民族自我中心主义即“我族中心主义”，是以自己文化为标准来衡量或评价其他文化，认为只有自己的文化是自然、正常和优秀的，自己的文化高于其他一切文化的思想。这种民族自我中心主义的坚持就会转化为文化沙文主义。假如再把这种文化优劣论归咎为人种差异所导致的结果，便成为种族主义。种族主义说到底不过是民族自我中心主义的极端表现形式。

为何会产生民族自我中心主义？这是每个人从小在特定环境中所产生的，即民族自我中心观念对于人类来说是根深蒂固、古已有之的。当一个人在一个自身环境中开始学习如何思考及如何表现，受特定文化价值观的全面灌输贯穿人的一生。无论到哪里，总会有人教导我们什么是对的，什么是真的，什么是好的，什么是重要的，等等。这种深深地根植于人心的民族自我中心主义，在古代人类未交往、未接触或相互隔绝状态下，由于每个人只在一种文化中成长，从未接触过其他文化，自然而然地视自己的生活方式、思想观念、价值观是正常、最好的，只有自己才是真正的人类。在很多民族语言中，多将自己人称为“人”，而对其他民族的称谓则多含贬低。如中国古代文献中对边疆地区少数民族的称谓多加“犬”“虫”等偏旁，甚至声称“非我族类，其心必异”等，而早期西方殖民者对于其他种族都称之为“异教徒”。这些都是民族自我中心主义普遍存在的明证。直到现代，民族自我中心主义即使在科学发达的地区也未根除，仍是引发种族歧视、战争和霸权的思想根源之一。

文化人类学的研究者在接触世界各地的文化形态时，发现所谓的原始人类实际上与其他人类群体并没有本质区别。自美国学者博厄斯以来，文化人类学者逐渐认为“文化是特定社会中人们的行为、习惯和思维模式的总和，每一个民族都有世代相传的价值观。由于每一种文化都有一个独立的体系，不同文化的传统和价值体系是无法比较的，每一种文化都只能按其自身的标准和价值观念来进行判断。一切文化都有它存在的理由而无从分别孰优孰劣，对异文化要充分尊重，不能以自己文化的标准来加以判断和评价”。[①]

### （三）文化普同观

所谓文化普同观，即人类心理的基本状况和需求是大体相同的，所有的人也是完全平等的。没有哪一群人比别的人群更接近类人猿，也没有哪一群人体质上进化得比别的人群更高级。正因为人类的心智和心理的相同或相通，各个不同的文化之间才可以互相交流、互相传播、互相学习，各个文化之间的要素才可以互相借用、互相吸纳甚至相互融合。这种文化普同观是人类学者在研究人类文化的差异性过程中逐步完善的。

文化其实是为满足人类的需要而产生的。文化之所以有差异，在于文化是对人类内外环境的一种适应。因此，文化内外环境相似的民族会产生或崇尚相似的文化，而不同的环境尽管产生的文化面貌会有差异，但由于人类心理基本状况大体相同，因此在文化的不同部分也同样具有文化的共同特色。

---

① 参见庄孔韶:《人类学通论》，山西教育出版社，2002年，第27页。

### （四）文化适应观

人类与环境息息相关，这一点已越来越被人们所认同。所谓文化适应观，就是人类为了生存，必须去应对不同环境。这些环境包括自然环境、生物环境和社会环境。人类适应环境的过程，也是适应策略的实践过程。

人类适应环境的策略主要体现在文化的三个面向：一是技术（technology）；二是社会组织（social organization）；三是价值观与信仰（values and beliefs）。技术指的是人们制造事物或提取资源所需的知识与技巧。由于它非常具体且有明显的实际效果，因此在适应策略中具有重要的地位。社会组织也是适应策略中重要的一部分，其中一项重大的社会要素就是社会分工的形成。价值观和信仰也是适应策略中重要的因素。

每一种文化都是对特定的自然环境和社会环境的适应结果。当人类学家面对一个社会的特殊习俗时，只能从适应该社会的特定环境的角度来加以判断。此外，适应也是一种连续性的整合和变迁的过程。

### （五）文化整合观

文化整合观，指的是构成文化的诸要素在大多数情况下相互适应与和谐的状况，即强调人类生活的各个层面是如何协调运作的，不是光靠研究政治、经济、宗教、文学艺术、亲属关系或单单研究某一族体就足够了。人类学者把这些生活层面比喻为交织成社会大网的线，同时也是更大的自然与社会环境中不可或缺的一个部分。因此，要全盘地了解一种信仰或仪式，就必须观察它与社会中其他因子间的互动关系，同时也要看它与形成社会的广泛环境因素之间的互动关系。

### （六）地方知识观

“地方知识”是美国象征人类学家格尔茨提出的。所谓“地方知识”，即区别于普遍性知识或全球化知识的一种文化，是一种地域文化。这里的“地方知识”不是指任何特定的具有地方特征的知识。这里的“地方”也不仅仅是在特定的地域意义上说的。它还涉及在知识的生成与辩护中所形成的特定语境，包括由特定的历史条件所形成的文化与亚文化群体的价值观，由特定的利益关系所决定的立场和视域，等等。“地方知识”强调“文化持有者的内部视界”来自于人类学对于“族内人”（insider）和“外来者”（outsider）如何分析看待他们的思维和解释立场即话语表达的问题。

美国象征人类学家格尔茨提出的这个“地方知识”，主要是强调各种不同文化的差异性特征，主张做具体细微的田野个案研究，相对忽视和避免宏大的理论建构。“地方知识”命题的意义不局限于文化人类学的知识观和方法论方面。由于它对正统学院式思维的结构作用，与后现代主义对宏大叙事的批判、后殖民主义对西方文化霸权的批判相呼应，所以很自然地成为后现代知识分子所认同的一种立场和倾向，成为一种用来挣脱欧洲中心主义和白人优越论的思想武器，也成为他们关照和反思自身偏执与盲点的一面镜子。地方知识对于传统的一元化知识观和科学观也具有潜在的解构和颠覆作用。[①]

## 二、文化人类学的“六方法”

文化人类学作为一门学科，在其发展过程中形成了自己的一套研究方法。一般而言，文化人类学者在从事具体的文化现象的分析和研究时，往往会采用田野调查、民族志、跨文化比较、主位与客位研究、大传统与小传统研究、影视人类学等六种方法。

### （一）田野调查法

文化人类学最基本或根本的研究方法便是田野调查法。这个方法又称为田野工作。田野工作被戏称为民族学人类学研究者的“成年礼”。是否有田野工作的经历，常常被用作评判一个民族学人类学者合格与否的衡量标准。

所谓田野调查法，也就是人类学者深入到一个社会或人群中，对其文化和生活方式进行较长时间的亲身观察、访谈、居住体验并加以感悟的工作及其过程。这种田野工作，必须要做到“同吃、同住、同劳动”，即“三同”标准。每个研究者为了了解一个群体及其文化，要花上数月、半年，甚至一整年或几年的时间，深入到当地人群之中，与他们一起生活、沟通、交流、互动，尽可能将自己融入到当地人的日常生活里，观察、体会和了解当地人的生活及其感受，与他们

① 孙秋云：《文化人类学教程》，北京大学出版社，2018年，第21页。

建立良好的社会关系。

田野调查法作为人类学者的一个重要研究方法，主要包括以下内容：

1. 参与观察法（participant observation）

参与观察法，也称为居住体验法，指的是在田野调查中主要依靠调查者参与当地人的生产、生活活动，对他们的各种文化现象和社会问题进行直接观察，或指调查者居住于当地社会之中，对当地人的实际生活进行体验的一种方法。它是文化人类学者使用最广泛的一种收集资料的方法。

一般来说，田野工作中有一条不成文的规定，即在对一群人或社会进行调查时，必须在该人群社会至少居住、生活一年以上，以便在一年中的春夏秋冬四个季节内，全面观察、体验该人群的各种生产、生活、习俗礼仪和宗教等活动。

在田野调查中，一个受访者在描述某个事件时，常常有意无意地加以筛选或曲解，这就要求研究者尽可能地直接观察所研究群体的行为，通过自己的眼睛去发现问题，要学会在不理想的情况下快速谨慎地记下某些重点事件、情节和人物。研究者在参与观察的过程中可以使用摄像，以摄影设备和录音机等作为调查辅助手段。不过，不同的社会特性可能会引发一些困难，因为不是每一个人群的成员都愿意接受拍照、摄像或录音的，有些人甚至对用笔在笔记本上记录他的话（即所谓的“白纸黑字”）都会十分紧张和敏感，所以在不同背景下选择最恰当的方式来精确地记录人们的陈述与行为是人类学家必须掌握的基本技能之一。

2. 深度访谈法（depth interview）

深度访谈法也称为访问法，主要是指对所选定的调查对象进行有关问题的深入或反复交谈。实际上，深度访谈法就是用正式访谈和非正式访谈的方法对所选定的调查对象进行访谈。

正式访谈也称为结构性访谈。指使用事先设计好的问卷，拟定访谈的内容，并安排一定的时间，按一定的计划程序来收集各种资料的访谈。一般来说，在进行正式访谈之前，研究者必须先对被调查地的文化有一些认识或接触的经验。正式的访谈最好是调查者在当地居住一段时间后，与当地人已经比较熟悉且关系融洽时进行。不过，在调查初期也可以采用这种正式访谈的方法，因为如果研究者时间较为紧张或时间较短，可以先用问卷作为访谈的一个敲门砖，即先按照设计的问卷来问访谈者，即使访谈者自己不愿意填写问卷表格，也可以由调查者一边问问卷上的问题，一边由调查者自己按照设计的内容打钩或操作。当问卷填写完毕后，再按照自己所设定的问题，一一进行访谈。

非正式访谈，也称为非结构性访谈。是指一般性的谈话和问答，既不事先规定访谈的问题，也未限定回答的方式，更不拘泥于访谈地点的开放式谈话。让被访问者的语言随着自己的思绪发展，不受任何约束。这种访谈的优点是被访者所谈的都是他们认为重要的事情，缺点是这些谈话的答复并非针对标准化的问题，难以将各种答案进行比较和评价。如果在访谈中发生讲话者很喜欢讲话又语无伦次的现象，要采用“拉回来”的访谈技巧，即将访谈者的思路拉回到访问者需要访谈问题内容的思路之中。

3. 非概率取样法（non-probability sampling）

在进行观察和深度访谈的过程中，会面临一个如何选择观察和访谈对象的问题。如果调查对象人口较多，结构复杂，想要一个个地进行观察和访谈，无论在时间还是精力上都可能没有办法，这就可以运用非概率取样的方法来选择自己的观察和访谈对象。

所谓非概率取样，即主观取样（judgement sampling）的方法。这种方法就是按照调查者所设计的调查对象进行。如在调查过程中，调查者须根据调查地的情况，找出自己认为需要调查的对象来进行调查。比如，可以访谈那些年长者、有文化和有经验者、受教育程度较高者，以及在当地有身份或社会地位者；还可以采用族谱或家谱式访谈进行调研。

### （二）民族志法（ethnography）

参与观察和深入访谈并不是人类学研究者的目的。它们只是人类学研究者准备完整和深刻地理解一个社会或人群的手段，而人类学研究者这样做的初步目的是要撰写民族志。因为，民族志已被西方学者认为是对某人群以及该人群的文化进行细致、动态、情景化描述的一种方法。它探究的是特定社会中人们的日常生活方式、价值观念和行为模式。[①]

民族志作为一种科学的研究手段和学术范式被学术界所接受，是从马林诺夫斯基在1922年出版的《西太平洋上的航海者》开始的。换言之，马林诺夫斯基是第一位将资料收集与科学研究结合在一起的人类学研究者，因而他所创立的民

---

① Jame L. Peacock, *The Anthropological Lens: Harsh Light, Soft Focus*, Cambridge: Cambridge University Press, 1986.

族志被称为“科学民族志”，不仅成为社会文化人类学的标志性学术利器，还被民族学、社会学、民俗学、教育学等学科所吸收，成为学术界广泛认同和接纳的学术研究范式之一。

一般来说，科学民族志是从深描和社区关系研究法两个层面来呈现其研究方法的。

1. 深描（thick desecrption）

英国哲学家吉尔伯特·赖尔（Gilbert Ryle）提出过“深描”的概念，后来被美国文化人类学家克利福德·格尔茨借用。在人类学中，这个“深描”的内涵就是“通过极其广泛地了解鸡毛蒜皮的小事，来着手进行这种广泛的阐释和比较抽象的分析”。

深描作为典型的人类学方法，是从鸡毛蒜皮的日常琐事出发，达到那种更为广泛的解释和更为抽象分析的一种研究方法。也就是说，人类学研究者在面对异文化时，既不追求将自己转变为当地人，也不追求模仿他们，而是超越认识层面的主观、客观界限，以一种全新的视角观察和阐释文化现象，既能进入角色又能保持清醒的异己意识，既不是本族人又不是外来人。在考察和研究一个异文化时，不仅有可能对它们进行现实而具体入微的思考，更重要的是能够用它们来进行创造性和想象性的思考。

2. 社区关系研究法（the study of inter-community relationship）

所谓社区关系研究法，即背景分析法。人类学田野调查的目的并不仅仅是记录自己所研究社区的文化现象，还要利用文化的背景来解释这些文化现象的来龙去脉，也就是要运用整体论的学科观，在解释某一特殊群体的行为时，将这些行为与更广阔的背景联系起来。某个群体的某种事件（文化）都与该地的其他风俗习惯有着复杂的关系，在分析与研究中应该将其当作一个由相互关联、相互交织的风俗习惯组成的网来进行描述与分析。这种把一个事件（文化）当作非常大且复杂的社会文化体系的反射来观察的能力，是背景分析或社区关系研究的优点，可以作为这些事件的背景的政治和社会文化动力。

### （三）跨文化比较法（cross-cultural comparison）

跨文化比较，也称为交叉文化研究法、泛文化研究法或比较文化研究法，指的是从世界各地不同的民族志报告中抽样，对抽样的资料做统计分析，借以说明或验证假说，探究人类行为的共同性及文化的差异性，并从中发现某种规律或通则。人类学田野调查的最终目的就是要中肯地评价一种文化，用第一手材料建立解释人们行为的理论框架。

人类学在分析人类群体的文化现象时，一般会采取两种方式，即“历时态研究”（diachronic approach）和“共时态研究”（synchronic approach)。“历时态研究”是指对单一社会或特定区域的社会实例做历史纵向的分析研究，找出它的历史来源与发展。“共时态研究”是指对某一社会或特定区域做横切面的分析研究，这就是我们所指的“跨文化比较法”。这种“共时态研究”一般只是考察某一特定时间内社会文化的特点和社会生活表现，并对它与其他相类的社会文化现象进行比较。共时态的比较研究比对单一文化的民族志描述有更为普遍的意义。

跨文化的比较研究，有助于了解在同一历史阶段的民族与世界范围内其他民族对某一具体事物的看法和做法，因此有一些学者认为这是唯一能够找出人类社会一般性根本特质的归纳法。

### （四）主位与客位研究法

主位（emic）是指被调查者（文化承担者或当地人）自己对事物的看法、分类和解释。客位（etic）是指调查人员等外来者对该事物的看法、分类和解释。所谓主位研究法，也称为自观研究法（或族内人观点），即站在局内人的立场对待所研究的文化。所谓客位研究法，也称为他观研究法（外来者观点），即站在局外人的立场对待所研究的文化。

人类学研究文化的目的是真正地了解当地的文化，而文化是特定社会中人们行为、习惯和思想模式的总和。每一个民族都有其世代相传的价值观，不同文化的传统和价值体系是很难加以比较的，只能按照其自身的标准和价值观念来进行判断。人类学者的调查和记录应以主位为主，即使主位的看法有些不符合科学，毕竟反映了当地人的思想和宇宙观，而这种思想和宇宙观又会影响到他们自己或群体的心理和行为。如果将当地人的这种思想或宇宙观视为迷信、虚妄而嗤之以鼻，将不能真正了解当地文化。主位研究法和客位研究法正是人类学者为了更好、更全面地理解不同文化体系而创造出来的独特的研究方法。不过，人类学者研究文化也必须兼顾主位和客位两个方面，否则将是不负责任的行为。

### （五）大传统与小传统研究法（great tradition and little tradition）

在人类社会，有着大传统文化和小传统文化。所谓大传统文化，是指以都市为中心，以绅士阶层或政府为发明者和支撑力量的文化；所谓小传统文化，指的是乡民社会中一般的民众尤其是农民的文化。

在人类学研究中，既要关注大传统的文化，也要注意小传统的文化，这样才能了解文化的整体性。比如中国文化是由上层的士绅文化与下层的民间文化共同构成的，从民间文化的角度，或者说从“小传统”的角度去探讨“文化中国”更有意义。

### （六）影视人类学研究法（visual anthropology）

影视人类学研究法，即以跨文化的比较研究视角，将不同地区不同社会或族群中的文化、日常生活方式、行为方式和技术特征等，经过摄制者必要的实地参与观察和悉心体悟，忠实地摄录下来。

用影视人类学研究法获得的“文本”，可被看作社会文化人类学中一个真实、具体而连续活动的系列形象加以生动表述的综合性著作。这个著作就是人类学影视片。早期的人类学影视片主要用来专门记录某个民族或族群社区生活情状及其文化事象的传统样式，大多是对研究对象的日常生活方式和传统文化现象进行客观如实的反映，很少有甚至完全没有摄制者的评论或解释，让观众自己去分析和评说。这类影视人类学片子被称为“民族志影视片”。后来，在“民族志影视片”基础上摄制者或研究者对其内容进行了一定的理论指导分析、解释和评论，有的还将不同时期、不同地区各民族或族群的社会文化事象进行对比，揭示和解释不同文化下人们的日常行为。这类影视人类学片子被称为“民族学影视片”。

运用影视人类学研究法，必须以“真实性”为原则，即所记录和反映的必须是原本生活在自然形态下的人们的生活方式，不允许摄制者进行任何人为的干预和主观假定或编造。这是影视人类学片子摄制最重要的原则之一。

## 本章要点

人类学的流派众多，既说明了西方学者对学术的不断追求，也说明无论是什么学派都是在以前的学派的基础上形成与发展的。不同的是，每个学派的学者都在发现前一个学派理论与研究方法上的缺陷的基础上，提出了新的观点与研究方法，从而产生出新的学派，这是一个学术上的创新。

## 复习思考题

1. 文化人类学各流派有哪些？它们之间都有何种联系？
2. 什么是爱丁堡学派？
3. 文化圈学派产生的原因是什么？
4. 古典进化论学派与新进化论学派的异同点是什么？
5. 人类学流派都在回答人类学一个什么共同的问题？
6. 什么是马林诺夫斯基革命？
7. 文化人类学的“六观”是什么？

## 推荐阅读书目

1.[法]爱弥尔·涂尔干:《宗教生活的基本形式》，渠东、汲喆译，上海人民出版社，1999年。

2.[法]克劳德·列维·斯特劳斯:《结构人类学》，陆晓禾、黄锡光译，文化艺术出版社，1989年。

3.[英]奈吉尔·巴利:《天真的人类学家》，何颖怡译，广西师范大学出版社，2011年。

# 第五章　人类学的新发展

经过近百年的发展，人类学的研究范式已基本确立。第二次世界大战以后，人类学的研究领域逐渐扩大，催生了一些新的分支学科和理论。

## 第一节　人类学新发展的背景及原因

与其他学科一样，人类学随着时代的发展，其学科也发生了许多变化。一些学科在第二次世界大战以后随着时代的发展既增加了许多新的研究内容，又拓展了以往该学科所研究的内容，从而获得了较大的发展。

人类学学科的新发展，其一是时代发展的需要。第二次世界大战以后，随着经济的发展、产业结构的改变、交通的发达、信息传递的进步、人口的迅速增长、人类生活的改善，人类学的研究对象和方向发生了变化。

其二是学术潮流所趋。当代学术潮流一方面是课题的专门化和区域化，另一方面是多学科的综合、渗透和合作研究。人类学作为人类文明的结晶，已成为多学科涉猎的领域，并逐渐形成专门的学科。目前，参与人类学研究的有生物学家、建筑学家、都市规划学家、都市地理学家、政治学家、心理学家、历史学家、经济学家、公共行政学家、计算机专家等，而人类学家和社会学家当然包括在其中了。由此可见，研究人类社会不是任何一个学科可以完全包含的，需要多学科的综合研究，都市人类学的兴起也就成为必然。

其三是学科本身发展的必然。人类学自产生以来，一直强调学科的应用，也促使人类学随时代发展而发展。自第二次世界大战以来，人类学研究的领域愈来愈宽，而研究的专题愈来愈细，因此学科开始分化，产生了许多分支学科，如教育人类学、心理人类学、医学人类学、乡村人类学、应用人类学等，以人类某方面为主题的人类学分支学科的产生也就是必然的了。

人类学学科发展的原因，总的来看是人类学在时代变化中的一种反应，也就是所说的“与时俱进”。例如，政治人类学的萌芽时期，可以追溯到19世纪中期。从那时起，人类学家开始关注政治组织的演化问题。美国的摩尔根、英国的斯宾塞和梅因（Henry Summer Maine）等做了大量的研究。可以说，摩尔根的《古代社会》是那个时期人类学家研究政治现象的重要著作。政治人类学的确立标志，是1940年福迪斯和普里查德出版《非洲的政治制度》一书。它开创了政治人类学研究的先河。政治人类学的发展成熟是在20世纪50年代后，这是因为出现了许多政治人类学的著作和人物，如利奇与《缅甸高地诸政治体系》、格拉克曼（Max Gluckman）与《非洲的民俗与冲突》、维克多·特纳（Victor Turner）与《一个非洲社会的分裂与延续》。怀特、斯图尔德对政治人类学的发展做出的贡献，是早期国家和政治组织的形成和组织演化研究。

随着现代社会的发展，妇女研究也产生了许多新的课题。除了从政治、社会、经济、亲属制度层面继续探讨问题外，也开始从许多社会行为和观念上探讨女性角色和形象的变迁。此外，女性的情绪、身体等与女性个体密切相关却为传统研究所忽视的部分，也引起许多研究者的兴趣，并从中探究其文化的影响。值得注意的是，女性人类学研究做得越深入，学者越感受到应该对男性进行相应的研究，以修正传统形成的性别刻板化印象。从这个角度出发，有研究者提出应将女性人类学更名为“性别人类学”。

教育人类学在西方崛起，有两个最重要的因素：一是多元社会的崛起，教育人类学的跨学科研究具有更综合、更深刻的功能，以全新的视角来审视和研究教育，提供新的教育认识；二是以特有的文化观积极参与民族教育实践，致力于创建本民族特色的教育体系。19世纪下半叶，工业化迅猛发展使多元化世界迅速崛起，研究日益复杂的人类问题及其探讨人类文化本源使人类学发展了起来，推动了对人类种族间发展及教育问题的研究，以人类发展的视角来重新定位教育，就成了时代的重要使命，并由此在形成重要研究对象的过程中使教育人类学得以产生和发展。

# 第二节　新发展的人类学学科

## 一、政治人类学

学界一般认为，政治人类学是用人类学有关理论和方法研究人类政治现象的发生、发展和运行的机制，以期揭示政治本质和发展规律的学科。从学科发生史的角度来看，政治人类学大约出现于20世纪40年代，但学科真正的发展或独立却是在第二次世界大战后。

### （一）政治人类学的概念

有别于传统政治学，政治人类学主要研究人类社会政治组织和政治行为；研究识别集团或者某些地域政治组织；研究其与外部世界的关系以及由此关系而造成的影响。政治人类学研究的方法主要是从进化的角度来解释政治制度和组织并予以分类。除了对社会制度的功能进行分析外，还对政治行为和过程进行民族志的调研。

对于何为政治人类学，学界没有形成规范的定义，在认识上存在一定的差异。法国学者乔治·巴朗迪埃（George Balandier，又译为乔治·布兰迪尔）侧重从学科定位与研究对象层面界定政治人类学，认为政治人类学的出现既是一项历史悠久且一直存在的主题，又是晚近出现的人类学专门化的学科。一方面，它企图超越特定的政治经验和原则，因而有望成为一门政治科学，将人视为政治人，并寻求在不同历史和地域中各政治组织的共同属性。另一方面，它是社会人类学或民族学的分支。它关注对原初或先前社会政治制度的描述和分析。[①] 美国学者贝雷（F. Bailey）侧重关注政治人类学的研究对象进行定义："政治活动的出发点是主张人们不要过'孤独、贫困、卑俗、粗野和拮据的'生活。它实现这种主张的做法是寻求调节权力竞争的方式，而不是要建立一个集权主义国家……总而言之，不同的文化寻求不同的方法来解决如何使人们生活在一起而又没有过多的

① 参见George Balandier, *political Anthropology*, Penguin Books Ltd. , 1970, p.2.

权力冲突的问题。政治人类学就是对不同解决方法进行比较研究的一门学问。”①

尽管国内外一些学者对政治人类学学科概念界定的侧重点有所不同，但大多数学者着眼于学科性质、研究对象和研究方法等层面来进行界定。一般认为，政治人类学是人类学的分支学科之一，运用人类学的理论与方法研究人类社会中的政治组织、政治制度、政治活动及政治过程等，尤其关注前工业社会的权力关系、政治现象和政治制度。在某种意义上讲，研究“非国家或无政府社会”中的非正式权力关系与政治现象，是政治人类学不同于政治学的一个重要方面。把政治放置于文化场景中，探讨文化对政治的影响，也是政治人类学的特色所在。人类学方法的采用也是政治人类学学科的特点之一。

### （二）政治人类学的研究对象

学者们对政治人类学研究对象的认识有一个渐进的过程，研究对象随着研究深入而不断丰富，新的事物和现象不断被纳入政治人类学者的视野。早期的政治人类学主要是对非西方社会的政治制度的静态研究，后来政治人类学的研究对象逐渐扩大，涉及动态的政治过程与政治行为等。美国学者朗纳德·科恩（Ronald Cohen）认为政治人类学的研究对象主要包括：对政治的定义；对政治制度的定义；对有史以来人类所创造的各种政治制度的产生和发展的研究；对政治制度和政治行为的制约性的研究；探讨政治制度对个人和文化的影响；对现代化之前和之后的政治制度的比较及相互影响的研究。②显然，朗纳德·科恩对政治人类学研究对象的理解主要集中在政治制度方面，几乎包含了与政治制度有关的内容。英国人类学家特德·C·卢埃林（Ted C. Lewellen）陈述了政治人类学关注的主要方面：①政治制度的分类；②政治制度的进化；③研究前工业社会的政治制度的结构和功能；④最近20年对前工业社会的政治过程或发展道路进行理论研究；⑤对古代部落社会的现代化和对工业国家的各种现代政治机制进行广泛和不断深入的研究。③不论是异域，还是本土的政治制度及政治过程，都进入了研究者的视野。国家也是政治人类学研究的主题之一。较早的研究者有罗伯特·路维

---

① ［美］F·贝雷：《政治人类学》，言甚译，《国外社会科学》，1986年第3期。

② 参见周大鸣：《文化人类学概论》，中山大学出版社，2009年，第294页。

③ 参见［英］特德·C·卢埃林：《政治人类学导论》，朱伦译，中央民族大学出版社，2009年，第3页。

(Robert Lowie)，其代表作为《国家的起源》。[①]还有学者从国家的层面探讨政治人类学的研究对象，运用政治人类学的理论方法探讨国家的起源与性质。特鲁洛(Trouillot)指出，国家人类学应成为新世纪的人类学主要课题。[②]此时的国家具有全球化的内涵，而非仅仅具有政治边界和地理疆界的实体。

由于不同的国家和地区的政治传统存在一定的差异，加之时代的变迁与社会的发展，学者们对政治人类学的研究对象形成不同的认识。政治人类学的研究对象在保留学科传统的同时，也在因地因时地发展。现代工业社会的政治制度、政治组织、权力关系等有关政治方面的内容逐渐进入政治人类学者的视野，成为政治人类学的研究对象。政治人类学从单纯关注政治制度发展到既关注政治制度，又关注政治行为与政治过程以及权力关系，研究对象逐渐丰富起来。

### （三）政治人类学理论及其发展

政治人类学作为文化人类学的一个分支学科是在20世纪40年代才出现的，在第二次世界大战以后才真正地独立出来，但是关于政治人类学的理论研究倾向，却可以追溯到很久以前。政治人类学者经常提到亚里士多德、培根（Francis Bacon）和莫尔（St. Thomas More）等人，认为他们早就注意到政治人类学研究的问题。在19世纪之前，对这些问题的研究做出突出贡献的是资产阶级启蒙思想家。1748年，法国政治哲学家孟德斯鸠（Montesquieu）出版了《论法的精神》一书，主张不同的社会在法律制度上的差异可以联系这些社会其他文化特征方面的差异来加以考察，如人口、气质、宗教信仰、经济组织、风俗习惯以及地理环境等。法国思想家卢梭（Jean-Jacques Rousseau）、法国哲学家休谟（David Hume）等人也都从不同的角度探讨了国家的起源和本质。不过，他们的研究都带有明显的猜测，缺乏事实材料的佐证，视野也没有充分扩展开来。

从19世纪下半叶开始，人类学研究开始兴盛起来，有关政治人类学研究的资料也急剧增多。然而，这时还没有出现专门的政治人类学者，对初级社会政治现象的分析只是在整体的人类学研究中进行，把政治看作演化中的社会的一部分来加以考察。研究这些课题的主要人物是19世纪的进化论者。到了20世纪40年

---

① 参见R. H. Lowie, *The Origin of the State*, New York: Russell & Russell, 1927.

② 参见Michel. Rolph Troullit, “The Anthropology of the States in the Ages of Globaliation: Close Encounters of the Deceptive Kind”, *Current Anthropology*, vol. 42, No. 1, 2001.

代，民族志资料和专业人类学家的日益增多，推动着人类学向专门化方向发展，“整体人类学”的理想开始破灭，政治人类学逐渐发展成为一门独立的分支学科。随着研究的不断深入，政治人类学理论出现了丰富多样的局面。

1. 进化论学派

19世纪下半叶，达尔文提出了生物进化论，对当时的学术思想产生了巨大的影响，许多人类学者也或多或少地接受了达尔文的进化论主张。在达尔文思想的影响下，摩尔根、泰勒等早期进化论者认为，人类社会是一个由低而高、由简而繁的进化过程，各民族经历的社会发展阶段都是相同的。人类社会之所以千差万别，其原因在于它们的发展速度不同，有的处于社会发展的高级阶段，有的处于社会发展的低级阶段。西方文化人类学家把这种观点称为“单线进化论”。早期的单线进化论者置各民族社会风俗的文化背景于不顾，不加选择地对它们进行比较，并在此基础上简单地排列出社会发展的各个阶段，而实际上他们从来就没见过他们所研究的所谓的“野蛮人”，因而被称为“坐椅中的人类学家”(Anthropologists in Armchair)。无论进化论者有多大的缺陷，他们毕竟还是奠定了现代人类学的基础。

在此之前，人们通常认为政府和政治是文明的产物，而低级社会则处于无政府状态。这种观点可以追溯到柏拉图和亚里士多德。最早用确凿的证据对这个观点提出挑战的是亨利·梅因（Henry Maine)。他在1861年出版的《古代法律》一书中提出，原始社会是父系社会，建立在亲属关系的基础上，依靠宗教的神圣力量来维持社会秩序。随着社会朝世俗化方向的，社会组织不再以亲属关系而是以地缘关系（地理上的邻近）为基础，从而产生了真正意义上的政治行为。

美国人类学家路易斯·亨利·摩尔根在《古代社会》一书中进一步阐发了梅因的这个论点，使其在早期的人类学中占据了支配地位。摩尔根曾经实地考察了美国纽约州的易洛魁印第安人（the lroquois)，对他们的亲属称谓产生了浓厚的兴趣。易洛魁印地安人的亲属称谓不同于西欧国家所使用的亲属称谓，而是与世界上其他一些地区所发现的亲属称谓相类似。摩尔根在对易洛魁印第安人的亲属称谓进行实地调查的基础上，将各种社会的亲属称谓概括为两大系统，即描述式亲属称谓系统和类分式亲属称谓系统。前者是指用描述性的、各不相同的名称来称呼一些血缘关系较近的亲属；而后者则是指用同一名称去概括某一辈的亲属。这是摩尔根对人类学的一个不朽的贡献，开启了亲属称谓研究的先河。

由于受达尔文进化论的影响，摩尔根认为全人类都有着“心灵的一致性”。由于这种“心灵的一致性”，纵使相隔千山万水的不同社会，也能遵循着同一进化途径发展，在文化上出现相似的创造。遗憾的是，摩尔根不能由此推论出这个观念内在所具有的反种族主义结论；相反他假设，雅利安人（the Aryans）天生就是“人类进步的代表”。

摩尔根提出了一种以生计模式为基础的进化次序。他把人类社会的进化发展分为三个阶段，即蒙昧时代、野蛮时代和文明时代。这三个时代分别以狩猎采集、园艺农业和发达农业为基础。摩尔根认为，与人类社会每一发展阶段相适应的是一定的文化模式或文化制度，亦即一定的家庭结构、一定的亲属制和一定的法律体系。摩尔根对家庭的进化尤为重视，提出了从乱交到血缘家庭、普纳路亚家庭和对偶家庭再到一夫一妻制家庭的发展序列。

随着对亲属关系的不断深入的研究，摩尔根详尽地阐述了梅因未能展开的思想。他提出，社会组织的最早形式是“杂交游群”（promiscuous horde），后来才发展成为以亲属关系为基础的单位。在这些社会内部，男性同胞和女性同胞之间实行通婚，随着社会的进一步发展，出现了对婚配对象的限制，从而导致了氏族的形成。氏族的联合又产生日益扩大的单位，直至形成部落联盟。在这个发展过程中，社会政治结构一直是平等主义的，它建立在人与人之间相互平等的关系基础上。在这个阶段中，政治组织还没有成为一个独立的社会部门，而是与其他社会组织一起混合运作。直到动物的驯养和植物的栽培产生了足够多的剩余产品，进而导致都市化和私有财产，人类进入了文明时代，专门的政治领域才开始出现。可以说，真正的政府是以地域和财产为基础的。

早期的进化论者在探讨社会进化的序列时，已经涉及当代政治人类学研究的一些课题，这是难能可贵的。然而，他们中的大多数人在进行分析研究时，所使用的材料都不是建立在实地调查的基础上，而是以欧洲政府官员、传教士和旅行家等记录的资料为依据，事后也未加以核实，这样就影响到他们得出的某些结论的科学性。虽然摩尔根在实地调查的基础上考察了易洛魁印地安人，但他的研究仍然缺乏足够数量的个案。再者，他预先设定一定的框架，然后收集有利于自己的材料来适应这个框架，而不善于对具体问题进行具体分析，用多种原因来解释社会现象的复杂性，这就难免落入主观性和机械唯物主义的窠臼。

摩尔根强调在生计主要依靠狩猎采集和园艺农业维持的时代，亲属关系是政治联合的主要媒介这一点，仍然是正确的。同样重要的是，摩尔根发现，“氏族”是一个法人世系群，在一个既通过父方又通过母方追溯其共同祖先的团体内，决策只限于氏族的范围。他的另一个深刻的见解是，原始社会是平均主义的，没有任何私有财产的观念。摩尔根的这些思想对后来的人类学者产生了深刻影响，构成了恩格斯《家庭、私有制和国家的起源》和马克思关于社会发展规律的理论基础之一。

20世纪初期，人类学研究发生了两个重大变化：一是人类学者开始抛弃进化论及其方法；二是美国人类学者和英法人类学者之间的裂隙日益增大。英法两国对进化论学派的批判相对来说比较温和，但在研究方向上发生了一个重大的转变。这个转变以迪尔凯姆（Durkheim）的理论为基础，在法国导致了人们对结构主义的认识不断加深，最终在列维·施特劳斯的著作中达到顶峰；在英国则导致了人们对“社会事实”的强调（相应地忽视了文化的心理方面），并且形成了一种以“结构”和“功能”为核心概念的理论观点——结构—功能主义。在美国人类学界，以弗兰茨·博厄斯为代表的“历史特殊论学派”占据着主导地位。他们进行了许多文化区域的研究，而迪尔凯姆的理论未能对他们产生多大影响。博厄斯等人对早期进化论学派进行的猛烈的抨击，其核心是反对摩尔根等人所拟定的进化序列。博厄斯指出，每个民族都有其特殊的历史，要了解一个民族，首先必须了解该民族的历史。有关的理论应该从这种具体的历史中演绎出来，而不是预先提出一个空泛的理论设想。因此，人类学家的首要任务就是要对各个民族的历史作深入细致的描述性研究，而不是主观地形成理论。在这一观点的指导下，博厄斯及其学生醉心于民族志资料的搜集和分析，从未提过任何理论，因而在政治人类学研究方面没有任何建树。在英法两国，人类学家们日益转向对亲属关系的研究，在政治研究方面，除偶尔提及迪尔凯姆的“机械团结”（mechanical solidarity）和“有机团结”（organic solidarity）之外，也没有取得多大的成就。

1920年以后，情况发生了变化。1924年，W. C. 麦克列奥德（W. C. Macleod）出版了《北美土著资料中所见到的国家的起源》。1927年，罗伯特·洛维（Robert Lowie）又出版了《国家的起源》。这本著作标志着政治人类学理论的初步形成。在《国家的起源》一书中，为了找到一个研究政治现象的理论框架，洛维重新考察了在当时看来已经过时了的进化论。他抛弃了早期进化论者所提出的单线进化论，因为没有证据表明所有社会经历了相似的发展阶段。同时，他也抛弃了梅因和摩尔根关于原始社会的政治秩序仅靠个人之间的关系来维持的观点。摩尔根认为，地域性的联合是文明社会的特征。洛维指出，地域性的联合是一种普遍现象，是联结原始政治组织和国家之间的桥梁。实际上，在更早的《原始社会》一书中，洛维就已经认识到社团在统一其他各种全然不同的团体方面的政治重要性，并指出正是社团构成了国家的基础，因为它们削弱了亲属团体之间的血缘联系。在《国家的起源》一书中，洛维进一步发展了自己的这个观点。他指出，社团和亲属关系一样，有时也会发生"分裂"。因此，社团的本质既不是统一也不是分裂。它需要一种超乎寻常的权威，以达到更高层次的整合，从而最终导致了国家的产生。

从洛维的阐述中我们可以发现很多闪光的思想：所有社会都认识到地域的存在；人口的增加和冲突的加剧导致了国家的产生；阶级分化是国家形成的一个关键因素；国家的主要基础是对强制性权力的垄断等。虽然洛维未能按照一种系统的因果模式展开这些思想，但他也澄清了很多问题，同时也提出了许多新问题，从而奠定了政治人类学的理论基础。为此，著名政治人类学家乔治·巴朗迪埃认为，政治人类学是从20世纪的20年代开始发展起来的。

2. 功能主义学派

第一次世界大战之后，英国兴起了功能主义学派。功能主义者除了探讨个别文化因素的功能之外，还注重将文化因素放在一个既定的网络中，亦即从整体结构中去研究相互关系。到了30年代，功能主义的两派为了取得支配地位展开了激烈竞争，其中一派是马林诺夫斯基的"需要功能主义"（psychobiological functionalism）；另一派是拉德克里夫·布朗的"结构功能主义"（structural functionalism）。马林诺夫斯基因为在特罗布里恩群岛进行了深入的研究和考察，而被看作人类学"参与观察法"（participant observation）的开拓者。他认为，社会中的每一文化要素都有其特定的功能，它产生的目的就是为了满足该社会群体的某些心理或生理的需要。虽然他对政治人类学本身没有什么贡献，但他对初级社会中的法律、经济和宗教等文化制度的研究，为政治人类学从"整体人类学"中独立出来扫清了道路。他所发明的"参与观察法"被一整代英国人类学者奉为楷模。正是由于后者对非洲社会的深入研究，使得政治人类学成为人类学的一门分支学科。

然而，最终在英国人类学界占据支配地位的是拉德克里夫·布朗的功能主义学派。当时牛津、伦敦和曼彻斯特的人类学学会主席都属于他的这个学派。拉德克里夫·布朗认为，社会就如同生物的有机体，是一个均衡系统，其中的每一部分都对整体的维系起着一定的作用。因此，对社会的描述就应该站在更高的角度上，描绘出社会的关系网络，看看它的各个组成部分是如何相互交织在一起的。人类学家的任务不是去考察社会成员的个人活动，而是通过他们的活动去发现驾驭他们的社会结构。显然，这种研究把注意力过分集中在社会的规范、准则和观念结构上，而忽视了社会的变迁、矛盾和冲突，因而很难正确地评价文化因素的功能，也很难正确解释人类为什么会发展出不同的文化和社会结构。

马林诺夫斯基和拉德克里夫·布朗所倡导的功能主义，被他们的学生进一步发挥，运用于殖民地非洲的深入研究。他们的研究目的是为了指导殖民当局对他们所控制的土著社会进行“间接的统治”（即不触动殖民地原有的体制，而由当地的首领来代表殖民当局的利益）。这个目的既影响了人类学研究的科学性，又影响了人类学在人们心中的形象。因此，在第二次世界大战以后，这一学派受到很多学者特别是第三世界国家的学者的谴责。

另外，正是结构—功能主义和非洲的经历与1940年出版的一本书相结合，导致了政治人类学的诞生。这本书就是埃文斯·普里查德和福蒂斯（M. Fortes）二人主编的《非洲政治制度》。它的主要贡献在于对政治制度进行了特殊的分类。在该书的前言中，埃文斯·普里查德和福蒂斯区分了在非洲发现的两种政治制度：一种拥有中央集权的权威和司法体制（原始国家），另一种则没有这样的权威和体制（无国家社会）。这两种制度之间的区别主要在于亲属关系的作用不同。在较低级的无国家社会中，整合和决策的范围仅限于双边家族或群队组织；而在较高级的无国家社会中，整合和决策的范围则是具有法人地位的单系继嗣群（unilincal descentgroups）。原始的国家社会依靠行政组织政府或统一这些团体，从而构成了政治结构的永久性基础。[①]

埃文斯·普里查德和福蒂斯的这个分类后来受到许多人类学家的批评，原因是它过于简单化。然而，它详尽地阐述了在一些具体的社会中世系群如何发挥其政治功能，这是它不朽的历史贡献。由于受结构功能主义的影响，埃文斯·普里

---

① Meyer fortes and E.E. Evans. Pritchard, eds. *African Political Systems*, Oxford: Oxford University Press, 1940.

查德和福蒂斯都假定社会是一个均衡系统，他们的研究目的就是阐明一个社会中的各种冲突团体和利益团体如何保持势力平衡，从而产生出一个稳定和发展的社会政治结构。在《非洲政治制度》一书中，埃文斯·普里查德和福蒂斯还特别注意到宗教和象征在社会整合过程中所起的类似于权力的作用，尤其是仪式在巩固和强化团体的准则方面所起的作用。

《非洲政治制度》一书的前言和8篇论述人种学的论文确立了政治人类学的理论基础、问题、方法和争论点。埃文斯·普里查德和福蒂斯对政治制度的分类法后来又被其他政治人类学者进一步发展。尽管埃文斯·普里查德和福蒂斯对非洲政治制度的分类，以后逐渐被其他政治人类学者精细化，但它对政治人类学的发展起到了先驱作用。

3. 新结构功能学派

大致说来，从1940年到20世纪50年代初，政治人类学研究侧重于对政治制度的分类，其理论基础主要是德拉克里夫·布朗所创立的结构功能主义。到了20世纪50年代中期，随着结构功能主义大厦的根基不断被动摇，政治人类学开始对政治组织和政治结构的稳定性表示怀疑，而转向对政治过程进行动态的、历时性的分析。他们试图探究一种理论，藉以研究政治变迁、政治党派和政治策略。

在这方面做出重大贡献的是英国人类学家埃德蒙·利奇。他对德拉克里布朗关于“社会是一个均衡系统，有着自身稳定结构”的观点表示怀疑，而强调社会内部同时也存在着矛盾与冲突。他认为人类学家要分析一种社会制度，讨论社会实体的模式，即讨论社会制度如何运作就可以了。利奇特别强调，一个社会内部往往是不协调的，而这种不协调恰好可以帮助我们了解社会变迁的过程。

在这种思想的指导下，利奇于1954年出版了《缅甸高地诸政治体系》一书，探讨缅甸克钦山地区政治制度的运作过程。该书标志着政治人类学向更注重过程和更为动态的分析形式的转变。在缅甸的克钦（Kachin）山地区，利奇发现了三种不同类型的政治制度：一种是人人平等的无政府的制度贡寮（gumlao）；一种是不稳定的中介制度贡萨（gumsa）；一种是小规模的中央集权国家掸（shan）。贡寮和掸是两个不同的社区，它们分别由许多语言、文化和政治都各不相同的分支群体所组成。这些分支群体以某种方式构成一个相互联系的整体。然而，我们常常可以看到这样一种情形：一方面，一些有野心的克钦人，为了证明他的贵族身份，宣称他是掸的“王子”；另一方面，为了逃避封建制度下传统领袖应尽的责任，他又转而强调贡寮的平等原则。可以说，克钦人经常难以选择他们认为理想的政治制度。利奇认为，克钦人的政治组织经常是在贡寮的民主制度与掸的贵族制度这两种极端类型之间来回摆动。大多数的克钦社区既不属于贡寮型，也不属于掸型，实际上是一种理想的贡寮与掸之间的折中物。[①]

利奇的思想对政治人类学研究的重大贡献在于，它明确地区分了抽象的政治结构与具体的政治现实，在结构主义的方法中加入了政治变迁的内容。几乎同样重要的是，利奇促使政治人类学走出了非洲，摆脱了以前束缚它的那些相对统一、讲单一语言的社会的限制。

与此同时，马克斯·格拉克曼（Max Gluckman）也提出了政治人类学的新观点。在《非洲政治制度》中的一篇关于祖鲁人的论文和《非洲的风俗和冲突》《非洲部落的社会秩序和反抗》等著作中，格拉克曼认为，均衡既不是静止的，也不是固定不变的，而是来自一个辩证的发展过程。一组相互冲突的关系与另一组关系相互整合、吸收，最终促成了团体的统一。在这个过程中，冲突起着决定性的作用。它帮助维持政治系统的存在，这是冲突的功能所在。如果没有冲突和争执，社会团体彼此之间就会更加分散和孤立。在解决冲突的过程中，团体之间会重新确立他们在更广泛的社会和道德秩序中的联合关系。

格拉克曼认为，冲突有助于维持政治系统的存在，冲突的结果不会导致革命或政变，相反会使系统走向综合，帮助维护并更新系统的秩序。显然，格拉克曼同利奇一样，一方面保留了结构功能主义的若干优点，一方面又在此基础上有所发展，强调了政治制度变迁这一方面。然而，无论利奇或格拉克曼，他们的观点都是基于一种没有根据的平衡理论，因而在一定程度上阻碍了政治人类学家从事历史的分析和进一步讨论变迁的问题。幸运的是，他们的学生不是注意到他们捍卫均衡论的一面，而是进一步发挥了他们重视冲突和变迁的一面，从而发展出一种新的理论倾向，即强调社会的过程和冲突，而不是结构和功能。

4. 新进化论学派

在美国，19世纪后期的进化论者的理论曾经遭到以博厄斯为代表的美国"历史特殊论学派"的猛烈抨击，而几乎在美国人类学界销声匿迹。从20世纪30年代开始，一位美国人类学者为了恢复进化论的地位而勇敢地与当时占据美

① Edmund Leach, *Political Systems of Highland Burma,* Cambridge：Harvard University Press，1954.

国人类学界统治地位的博厄斯学派展开了不屈的抗争，这个人就是莱斯利·怀特（Leslic White）。怀特由于阅读了摩尔根的《古代社会》和恩格斯的《家庭、私有制和国家的起源》而受到很大的启发，进而钻研马克思的著作，并于1929年前往俄国旅行，大量阅读了有关方面的著作，最终形成了自己特殊的进化论思想，被人称为“新进化论者”。怀特认为，衡量文化进化阶段的唯一而又最合适的标准是能量消耗量，而获取能量和利用能量的技术则是文化进化的原动力，因为它是决定文化进化的速度以及文化能达到何种复杂程度的主要因素。

据此，怀特在他的主要著作《文化的科学》《文化的进化》等书中，将文化的进化分为四个主要阶段：第一阶段，人类仅仅依靠自己体内能力的阶段；第二阶段，通过种植和饲养可得到和储存光合了的太阳能——粮食的阶段；第三阶段，通过动力革命，对诸如煤炭、石油、天然气这些地下资源作为新能源而加以利用的阶段；第四阶段，在不久的将来还会出现这样一个新阶段，即核能不再作为战争的工具，而是为人们的日常生活提供便利（显然，怀特预言的这一阶段已成为了现实）。在第一阶段的社会，没有阶级，人人平等，即所谓的“原始共产主义社会”；第二阶段则是东半球和西半球的古代文明；第三阶段就是现代工业化国家。在人类文化发展的过程中，随着对能量的使用逐步增加，人类社会从农业生产强化到生产私有制，出现阶级分层，最后导致了政治上的中央集权化。

由于怀特的理论将文化的发展植根于具体的技术之中，因而被人不恰当地称为“文化马克思主义”。由于怀特的理论将人类文化视作一个整体，过于一般性地阐述文化发展的次序，难以解释文化发展的具体过程，因而又被另一位美国新进化论者朱利安·斯图尔德称为“普遍进化论”。为了区别摩尔根、泰勒的“单线进化论”和怀特的“普遍进化论”，斯图尔德本人提出了“多线进化论”。

斯图尔德认为，每一种文化都有其特殊性，如果我们立足于文化特殊性的分析，就有可能发现其相同之处，进而从中总结出文化发展的共同规律。斯图尔德十分重视生态环境对文化进化的影响。因此，尽管他和怀特都将技术看作文化进化中的一个关键因素，但他又指出，技术不能脱离环境而单独予以考虑，在不同的生态环境下，同类的技术所导致的生产水平可能大相径庭，因而会产生不同的劳动组织、政治经济结构和社会结构。他曾经比较过东西两半球的各种文明，最后得出结论说，东西两半球的几种文明在政治结构和社会结构上的相似性，来源于生态环境的相似以及在这一种生态环境下使用相同的生产技术。由于斯图尔德重视生态环境，故而他的文化进化论又被称为“文化生态学”。

与怀特的理论相比，斯图尔德的进化论更为具体，更为科学。他从多方面对文化进行研究，其中包括技术、每一文化的特殊性、物质环境（气候、地形、资源、邻近集团人口的数量等）等，拓宽了文化研究的视野。怀特和斯图尔德的学生埃尔曼·塞维斯（Elman R. Service）糅合了老师们的观点，提出了文化的“特殊进化”和“一般进化”的概念，主张文化进化有一个一般的过程，但也会出现许多特殊的情况。塞维斯所说的“特殊进化”相当于斯图尔德的“多线进化”。“一般进化”则对应于怀特的普遍进化。塞维斯认为，这两种进化论并不矛盾，只不过在进化的事实方面提到了两个不同的侧面，因而它们都是正确的。

塞维斯从文化进化的这两个侧面整理了大量的民族志资料，进而在《原始社会组织》中提出了政治组织进化的五阶段论：群队、部落、酋长制社会、国家和现代工业社会。受塞维斯及其老师们的影响，莫顿·弗雷德（Morton Fried）和马文·哈里斯（Marvin Harris）等具有唯物主义倾向并支持进化论的人类学者对上述一般进化论、特殊进化论以及塞维斯的五阶段进行了大量的评介和批判，以致20世纪50年代以后的美国人类学界呈现出前所未有的活跃情形。这些人类学者大多立足考古学的证据，致力于探讨国家社会的演化过程。他们所强调的是不同进化阶段的社会文化整合的特征，而不是导致进化从一个阶段过渡到另一个阶段的原因；他们的论证大多是描述性的和分类学式的，而不是因果式的。由于他们的不懈努力，即使在现在，政治演化也仍然是一个不断被探索的研究领域，尽管它可能不会再成为政治人类学的焦点。

5. 过程论学派

从结构论向过程论的转变是政治人类学发展的一个重大转折。利奇和格拉克曼等政治人类学者从结构功能学派的立场出发，发现了结构功能学派的重大缺陷和不足，致力于探索一种新的理论和方法，藉以研究政治生活中动态的一面，从而为过程论的产生奠定了理论基础。由于利奇和格拉克曼等政治人类学家的努力，结构论逐渐被过程论所取代，“结构”和“功能”等词逐渐被“过程”“冲突”“派系”“斗争”和“操作策略”等词所取代。

另外，从结构论到过程论的转变与世界政治的变迁也有着密切的关联。第二次世界大战以后，殖民主义开始在世界各地走下坡路，西欧各国渐次式微，新兴民族国家大量涌现，并在新的国际政治秩序中扮演着重要角色，因而使得世界政治的面貌发生了重大变化。传统的部落社会融入到了大型的政治组织之中，原始政治不再被看作是封闭的，更广阔的社会—政治领域取代了范围狭窄的政治制度。这些客观事实迫使政治人类学者对其研究领域作出重大调整，政治竞争、政治冲突和政治变迁等成为他们最为关注的问题。1963年，人类学者聚集在英国，举行了一次“社会人类学新研究会议”，会上宣读了一系列论文。这些论文后来被辑成《政治制度与权力的分布》一书出版。该书清楚地表明了政治人类学对政治过程研究的兴趣。

斯沃茨（David Swartz）、特纳（VictorTumer）和图登（Tuden）三人主编的《政治人类学》也是一次政治人类学会议的论文集，共收入了17篇论文。这些论文的一个明显的共同特征是，几乎所有的论文都在讨论政治制度的“变”，而不是静止的“是”。冲突、派系、斗争、过程等更是经常出现的字眼。特别值得注意的是，编者所撰写的“导论”显示了政治人类学研究的一个重要的新方向，即建立一个广阔的理论构架，藉以研究不同文化背景下的政治过程，包括政治变迁、政治策略和政治党派等。为了促进这种研究，几位作者首先给了那些表征政治过程的基本行为模式的概念以明确的定义。这些概念包括“武力”“权力”“势力”“权威”“决策”“支持”“合法”等等。

20世纪60年代末期以后，一些政治人类学家更进一步把分析的眼光集中于政治过程中的个人身上，研究这些个人是如何操作文化规则、符号等来获取权力、保持权力和作出决策的。这种研究取向被人们称作“行为论”，以便和“过程论”区别开来。其实，这一方面的研究在格拉克曼的研究中就已显露出端倪。在格拉克曼之前，政治人类学者通常只关注团体的规范和社会的结构，而格拉克曼则尝试研究了社会中的个人。行为论的真正开创者是维克多·特纳（Victor Turner）。他在1957年出版的《一个非洲社会的分裂和延续》一书中，通过对“社会戏剧”（social dramas）中的个人的研究，揭示出个人和社区是如何操作社会的规范和价值观念的。特纳的研究给利奇和格拉克曼对冲突和过程的强调又增加了一个新的方面：对决策过程的研究。

显然，“行为论”和“过程论”一样，都重视对过程的研究。不同的是，“过程论”重视对一般性的政治过程的研究，而“行为论”则强调对个人的决策过程的研究。与“过程论”相比，“行为论”的研究更为深入、具体。可以说，所谓的“行为论”只是过程论中的一种研究取向，是过程论的进一步深化，因为过程论严格来说不是一种严密的理论，而只是一种方法，一种与结构功能研究方法相对立的研究方法。它集中研究政治组织的运作，而不是其结构和功能。因此，有的学者建议用“过程方法”来统称所有重视政治过程的研究，而在此范围内的上述两种不同的研究方向则分别用“行为论”和“过程论”来加以称呼。过程论和行为论相互结合，推动了人类学对政治过程研究的进展。

为了便于对政治行为的研究，政治人类学中的行为论者又提出“政治领域”（political field）和“政治竞技场”（political arena）的概念。前者是指政治组织和政治关系所涉及的任何区域，适合于过程论的分析；而后者则是指政治活动中的单个行动者或小团体竞争政治权力的区域，可以是派系、保持人—当事人关系、党派、政治精英或其他非正式的准政治团体，也可以是所有这些或者其中的一小部分，是行为论的分析单位。从过程论向行为论的转变是政治人类学学科内部发展的一个必然趋势。

第二次世界大战后，政治人类学研究取得了可喜的成果，理论和方法都出现了多样化的局面。进入七八十年代以后，在世界体系观的影响下，政治人类学家在研究中发现，他们所研究的几乎所有的社会都已融入了世界体系，只有联系欧洲资本主义对他们的深刻影响，才能真正对他们的政治制度和政治行为有一个完整的了解。在这种“世界体系观”的影响下，政治人类学家运用已经确立的理论和方法，重新审视以前的研究对象，从而使政治人类学研究又出现了三个新的发展趋势。第一个趋势也是其中最引人注目的是女权人类学的诞生。

虽然女权人类学不专注于政治研究，但它所要考察的是女性在社会中相对于男性的权力。女权人类学不仅对男性的主导地位提出了强有力的挑战，而且打破了许多人类学的神话，如由于人类体质的进化，男性自然地充当了狩猎者，而女性则只能充当采集者。在女权人类学内部又发展出了两个主要流派，一派集中于分析性别的文化构成，另一派则以马克思主义理论为基础，考察性别分化的历史发展。

第二个新趋势是埃里克·沃夫（Eric Wolf）在《欧洲和没有历史的民族》一书中提出的世界体系观和所谓的“依赖理论”。依据沃夫的观点，过去几个世纪中欧洲殖民主义的扩张，使得当今的几乎所有文化都必须联系欧洲资本主义文化才能真正加以理解。

第三个趋势是在世界体系观的影响下，一些政治人类学者反过来把土著民族视作西方文明的受害者来研究的传统，侧重研究土著民族如何运用非暴力的方式，巧妙地对抗国家的统治，从而维护他们民族的自尊、独立和统一。而以前的研究主要侧重于部落文化在西方文明的冲击下瓦解的过程。例如，政治学家詹姆斯·斯科特（James Scott）在《弱者的武器》一书中阐述了农民如何通过造谣、诽谤、纵火、盗窃等恶劣手段，反抗大规模的资本主义农业并以此所造成的边缘化（marginalization）。

尽管政治人类学研究的范围在日益扩大，但归根结底，其理论和方法还是植根于人类学的基础之上。从一开始，它就是文化人类学的一门独立的分支学科。随着政治人类学的不断发展，它将越来越多地引起人们的关注，也必将有越来越多的学者加入到这一研究行列中来。

### （四）政治人类学的研究方法

学者们对于政治人类学的研究方法存在一定争议。科恩坚持美国政治学家戴维·伊斯顿（David Easton）的观点，认为“直到目前为止，人们对（政治人类学）应该包括或排除的东西，以及对政治人类学的研究方法应当是什么，并未牢固地达成共识”。[①] 巴朗迪埃驳斥了科恩的观点，认为政治人类学的研究方法与人类学的一般研究方法没有多大区别，只是政治人类学的研究方法在研究其特有的研究对象时会变得更加具体，并总结了六种研究方法：起源分析法（the genetic approach）、功能分析法（the functionalist approach）、类型分析法（the typological approach）、术语分析法（the terminological approach）、结构分析法（the structuralist approach）和过程分析法（the dynamist approach）。[②] 他从人类学研究方法中整理出适用于政治人类学的研究方法，从方法论层面奠定了政治人类学的学科基础。

总之，政治人类学要基于学科性质，即人类学分支学科而沿用人类学的一些方法，同时形成了自己独特的研究方法，还借鉴其他相关学科的研究方法，而不是故步自封、自我僵化。与传统政治学相比，政治人类学研究方法的特殊性主要体现在对参与观察和整体论的运用，这是对人类学传统方法的延续。正如约翰·格莱德希尔（John Gledhill）所指出的：“对于研究基层政治过程的动力，民

---

① ［英］特德·C·卢埃林：《政治人类学导论》，朱伦译，中央民族大学出版社，2009年，第1页。

② 参见George Balandier, *Political Anthropology*, NewYork: Random House, 1970, pp. 13–21.

族志的方法仍然是根本性的方法。”[①]政治是社会文化中的一个组成部分，是与宗教、血缘、经济、社会等相关联的。因此，政治必须被置于社会文化体系下，用整体论的视角进行分析，而不能孤立地研究。

在早期，西方人类学家的政治人类学研究主要局限于边缘或异域社会。20世纪70年代后，西方人类学家特别关注自己所处的西方社会，以及将文化作为兴趣点进行研究。20世纪90年代后出现综合的研究趋势，在内容上关注当今世界的政治、社会和经济热点，而在研究方法上采用微观、宏观的，长期或短期的田野观察法等。

政治人类学的研究方法，归根结底就是人类学的参与观察法，这是政治人类学的立足之本。在其理论分析的过程中，政治人类学除了采用既有的一些人类学研究方法之外，又随着不同发展阶段研究重点的变化，形成了一些独特的研究方法。概括起来，主要有以下几种。

1.起源分析法

这种方法侧重于研究原始社会中各种政治关系和政治活动的起源、原始国家的形成过程、血缘社会向政治社会转变的动因、不平等的起源、约束力的起源、规范的形成等。早期的人类学者一般都采用这种政治分析方法，但由于缺乏足够的资料和证据，他们的观点难免令人臆想和猜测。后来的人类学者如莫顿·弗雷德和马文·哈里斯等人立足考古学的证据，探讨国家社会的演化过程，取得了相当重要的成果，例如弗雷德关于原生国家和次生国家的区分，就引起了学术界的普遍关注。

2.功能分析法

功能分析法来源于英国的功能学派，创始人是拉德克里夫·布朗和马林诺夫斯基。这种方法不关心政治的起源和性质，而把社会视作一个有机的整体，研究政治制度和政治活动在社会整体中所起的作用，以及一些社会文化因素在政治制度和政治活动中所起的作用。在政治人类学研究中，功能分析法很少被单独运用，而是被作为进行类型分析的基础，这是因为它虽然有助于界定各种政治关系和政治制度，但无法说明政治现象的本质。

---

① ［英］约翰·格莱德希尔：《权力及其伪装——关于政治的人类学视角》，赵旭东译，商务印书馆，2011年，第13页。

3.结构分析法

这种方法主要受拉德克里夫·布朗社会结构论的影响，致力于探讨原始社会中政治关系和政治活动的结构模型。使用这种分析方法的政治人类学者认为，政治关系和政治活动是表现个人与团体之间权力关系的形式，政治结构和其他一切社会结构是一种抽象体系。这种方法所要做的是梳理政治体系中各个不同要素及其相互之间的关系，然后建构这个政治体系的结构模式，藉以对这个政治体系作出说明。结构分析法和功能分析法都是政治人类学创立初期通常采用的方法。

4.类型分析法

这种方法建立在功能分析和结构分析的基础之上，把具有相同的功能或结构的体系归为一类。政治人类学研究首先就是从类型分析入手的，首倡者是埃文斯·普里查德。该方法侧重于确定原始社会制度的类别，并对各种政治形式、政治关系和政治活动进行分类。例如，将各种原始社会分为有政治体系的和无政治体系两类，或者将政治体系分为中央集权和非中央集权两类，或者分为政治充分分化和政治不分化两类。各种分类的标准不同，有的属于描述性分类，有的属于演绎性分类。他们想通过分类来确定各种不同原始社会之间的关系，以及原始社会与现代社会之间的关系。

5.术语分析法

这种方法是政治人类学作为一门独立的学科而形成的一种方法，侧重于对政治人类学所使用的一些专门概念进行界定。政治人类学在研究中遇到许多现代国家社会所没有的特殊范畴，因而必须确立一些专门的术语来表述这些范畴，以说明原始社会中政治活动和政治关系的性质，同时为政治人类学研究提供一套概念工具。政治人类学所界定的术语包括武力、权力、权威、竞争、合法、支持、行政等。此外，这项研究还包括怎样用合适的语言来翻译和表述异域社会所特有的政治概念。

6.过程分析法

这种方法是由斯沃茨、特纳和图登首先提出来的。该方法反对对政治体系作静态的结构功能分析，主张对政治活动的过程包括政治变迁、政治党派和政治策略等作动态的历时性分析，认为只有在动态的过程中才能真正揭示和说明原始社会的政治关系和政治活动。过程分析方法的引入，导致政治人类学研究发生一个极为重要的变化，即从对政治制度和政治活动的结构功能分析，转向对政治过程和政治行为的动态分析。

7.行为分析法

这种方法是过程分析法的深化，侧重研究原始社会中的个人或小团体是如何通过文化特别是象征体系来获得权力、保持权力和作出决策的。最早运用行为分析法的是特纳。他在《一个非洲社会分裂和延续》一书中，通过对一个特定的个案的分析，揭示出政治竞技场中的个人是如何通过活用社会的规范和价值体系来竞争政治权力的。与过程分析法相比较，行为分析法更为深入、具体，所关注的政治活动范围更为狭小。

## 二、教育人类学

教育人类学（Educational Anthropology）是一门运用人类学的基本原理和研究方法来研究教育现象与教育行为的学科。

### （一）教育人类学的产生与发展

教育人类学的产生是人类社会发展的历史要求和教育学科发展的必然结果。首先是文艺复兴运动以来，人的解放运动使对人的研究受到广泛的重视，促进了有关人类研究的发展，成为教育研究的现代转型和人类学产生的动力。其中，教育学对人的研究，以及确立人在教育中的地位尤为受到关注，成了最重要的学科发展起点。

19世纪以来，德国教育家第斯多惠（F.A.W. Diesterweg）、英国社会活动家欧文（R. Owen）等许多学者都极力倡导人的教育，其中最突出的是俄国教育家乌申斯基。早在19世纪50年代他就首次提出“教育人类学”的概念，用以强调人在教育中和教育学中的位置。他把《人是教育的对象》这本巨著的副标题定为“教育人类学”，在书中痛击以德国赫尔巴特（Johann Friedrich Herbar）为代表的教育学无视人性，把教育学变成“教育活动规则的汇集”、按疾索药的医疗手册或处方。为了取代这种“以命令式语言表达的德国教育学”，他主张创立一门以人为中心的教育学，使教育者了解人性以及有关人的科学，如解剖学、人体生理学、病理学、生理学、逻辑学、语言学以及地理学、统计学、伦理学和各种历史学等，以利于培养全面发展健康协调的人。

人类学与教育学的联姻从开始于两个学科间的相互渗透、相互借鉴到相互合作研究某些共同兴趣的问题，最后形成一门独立的新学科——教育人类学，实现了学科专业化发展，其间整整经历了近一个世纪的风雷激荡，尤其是两次世界大战的洗礼，以及20世纪60年代西方青年反抗的狂飙运动。这一漫长曲折的历史进程催化了教育人类学的成熟，使它成长为现代教育科学中的重要基础学科，形成了以英美为代表的文化教育人类学和以德语系为代表的哲学教育人类学两大派系下的诸多流派。

1. 文化教育人类学

文化教育人类学以英语语系国家为主，最早源于英美等国家。其中英国最早有海外殖民地，宗主国与殖民地文化冲撞以及多元文化交汇使英国最早开展文化人类学研究，但文化教育人类学的研究却以美国为最早。美国是移民国家，素称“世界文化熔炉”，教育在多民族、多种族、多元文化社会中反映着文化变迁过程中的种种矛盾和冲突，制约着教育制度，影响着学生学业和身心发展，并反过来制约着国家政治和经济的发展。从美国总统林肯以一纸解放黑奴法令赢得了国内战争的胜利，到反对种族隔离的斗争，多元文化问题是关系美国国家安全和教育发展的首要问题，因而产生了以文化研究为基础取向的教育人类学。随着全球化洪流涌现，世界文化日益多元化进程加速，文化教育人类学已迅速地在世界各国传播。文化教育人类学坚持这样的教育文化观：一是教育是一种文化传递过程；二是人生活于文化之中，人的发展是接受文化传递、适应文化变迁的过程；三是文化变迁与教育变迁是一致的。

（1）启蒙阶段

19世纪中期，随着英国殖民地不断拓展，人类学研究开始在英美广泛开展。英国泰勒率先开展比较文化研究，倡导人种志研究法，即深入现场对现实文化背景中的人进行文化上的比较研究。美国学者对此纷纷响应，最著名的摩尔根的《古代社会》奠定了人类学在美国的发展基础，其中也涉及教育问题，为教育人类学的发展创造了条件。

最早应用人类学方法研究教育的是美国教育家休伊特（E. L. Hewett）。19世纪末，美国在南北战争后经济迅速起飞，促使社会结构深刻变革，“modern”一词开始出现于美国，社会剧变使文化传统育，特别是不同种族文化在教育上引发了激烈冲突。休伊特有感于教育研究的困境，于20世纪初借鉴人类学方法开展相关研究，呼吁创立教育人类学。

1908年，意大利特殊教育及儿童教育家蒙台梭利（Maria Montessori）在美国出版了世界上第一本书名为《教育人类学》的专著。她受当时法国的科学教育思想影响，把体质人类学的概念用到教育上。她认为，教育只有了解受教育者发展的全部第一手资料，才可能实行真正的教育。她不仅对学生体质的各项发展，如体重、身高、胸围、肤色、肌肉等均做了详细的记录，并据此解释儿童的发展与学习，作为制定教学措施和确定教育方案的依据。此外，她也很注重文化及种族对教育过程的影响。

（2）应用性学科阶段

在文化教育人类学发展历程中，1954年在美国斯坦福大学召开的教育与人类学联合大会是一个重要的里程碑。大多数学者认为这次会议是文化教育人类学从应用性学科发展阶段转向学术性学科发展阶段的关键标志。

第一，在反种族主义教育中兴起。20世纪上半叶西方国家出现了严重危机，促使教育人类学研究的兴起。这一时期，一方面是帝国主义大造“白人优良人种论”，把有色人种及底层人民斥为劣等民族，一方面是经济萧条、世界大战爆发，灾难浩劫的残酷现实，迫使人们重新思考人性，促使许多正直的人类学家投身于教育研究，批驳各种教育谬论，伸张正义，由此推动教育人类学的兴起。马林诺夫斯基通过大量研究批驳遗传决定论的荒谬思潮，指出黑人智商偏低是教育条件太差所致。博厄斯以人类统计学的客观方法代替传统解剖法，以大量调查资料论证了人并非完全由遗传决定，环境和教育对人的形成起着极其重要的作用，教育必须重视儿童的文化塑造。他以强有力的论证抨击了希特勒的“优等人种论”，批评教育在课堂中培养了野蛮的人性、“无头脑的保守主义者”和种族迫害狂。

第二，在探索教育文化功能中转型。考察教育人类学发展史可以发现，对教育和文化互动关系的研究，是从人类学方法的机械应用转向学科建设的关键，是一种深层次的应用。对教育中的文化功能和文化中的教育功能的把握，将从根本上提升教育研究的水平。

本尼迪克特指出，在美国的文化中教育具有传递、转变以及改造文化的功能。她力证教育应具有“建立或打破”社会秩序的力量，赋予青少年自治和自我认识力，为向成年转化做准备，并对社会和人都具有改造的意义。米德（Margaret Mead）探讨了文化与人的可塑性的关系，提出应向学生反复灌输一种与美国最好的思想观念相一致的文化特征，并把文化适应划分为前示性文化适应、互示性文化适应和后示性文化适应三种主要形式，以此说明人类进化与教育形式演变的历史趋势，揭露现代工业社会中产生代沟及根深蒂固的心理冲突的原因。他力图通过文化分析来解决教育问题，为教育决策者和教育者在对移民和土著人进行的教育中，解决其文化冲突和制定教育政策提供了决策依据。教育的文化研究为教育决策和民族教育发挥了积极作用，为人类学与教育的“联姻”奠定了良好基础。

第三，在反思中整合创建。第二次世界大战后，人类学对教育的研究从利用教育反对战争转向反思教育本身，寻求转变教育模式以致力于发展培养新人的新教育。人类学家开始对具体学校问题的研究，并采用人种志方法进行实地研究，由此促使两者的进一步融合，形成了共同的研究主题，导致了1954年斯坦福大会的召开。

这一时期尽管对教育的研究十分活跃，但都是人类学家在进行人类学活动中的附带性研究，主要从人类学的需要出发，为人类学研究中心服务，而且仅仅是对所研究的部落和社区中的本地教育的认识。这一阶段研究的特点是，由早期对教育的外部描述和思辨论证向实地的教育人种志研究转变，开始进行专题性的教育问题考察，注意到量化研究和学科建设。

（3）独立的学术性学科阶段

西方学术界公认20世纪70年代是文化教育人类学发展成熟的时期，既得益于特定的社会发展条件，也是教育人类学家努力的结果。70年代爆发的严重经济危机打破了第二次世界大战后世界经济持续繁荣发展的局面，被经济繁荣所掩盖的各种问题全都暴露，造成了更为严重的社会危机，迫使人类重新审视社会机制及文化模式，学者们纷纷投入研究，从而促进了教育人类学的发展和成熟。

第一，三大事件的催化作用。20世纪60年代有三大事件促进了美国教育人类学的大发展，为学科的成熟提供了良好条件。一是，60年代美国及西方发生了严重的政治危机，大学生的抗议活动，争取民主浪潮，反越战斗争席卷大学校园。为此，人类学家被指派解决国民教育问题，从而促使人类学家更深入更系统地参与教育研究，其中由戴蒙德（Jared Diamond）主持了一项规模较大的学校文化研究。在吉尔林（F. C. Gearing）的指导下这项研究最后编纂了一套教育人类学评论和文献目录，并组织了一系列讨论，其成果编成《教育人类学观》一书。二是，美国人类学学会专门设置课程研究会，致力于把人类学研究成果反映到大中小学课程之中，编写了《人类历史形态》等教科书。与此同时，哈佛大学教育发展中心也为小学高年级编写了《人类学课程》。两种课程都促使学生从“整个人类的角度看人生”。人类学被引入课程，对人类学参与教育过程产生了更直接更广泛的影响，激发了许多教育者对教育人类学的浓厚兴趣，自发组织开展研究，对教育人类学的发展起了直接作用。三是，许多相关学科的大发展，尤其是文化人类学的发展，在研究文化传递方面所使用的比较和跨文化比较的研究方法，以及在研究人才的准备方面对教育人类学有直接的影响。

第二，推动创立学科的四大因素。20世纪70年代教育人类学发展的四大因素，推动并标志着教育人类学的创立——从服务性的、应用性的和零散的研究向学术性的、专业性的和系统体系的独立学科转变。一是建立学术团体。二是创办《人类学与教育》季刊。该刊物是第一份教育人类学学术刊物。三是研究取得突破性成果。自斯坦福大会后，两个学科密切合作，坚持实际研究，取得了很大成效，有重大理论突破。一方面，实践研究的理论化程度加强；另一方面，跨文化研究方法成熟，成果突出。四是全面批判和清理传统教育思想和教育研究。

第三，在批判传统教育中新生。文化教育人类学主要从六个方面批判传统教育研究范型：①批判把文化当成由一系列特质组成从而决定教育的观点。②批判把学校当作正规教育的主要机构的观点。③批判教育心理学家把学校的科层制目的等同于社会的教育目的，不关心学校中实际发生的问题，重视了其他影响儿童发展的各种因素，而仅仅按如何使学生学得更好来为自己规定建构学校情境的任务。④抨击教育社会学家把学校的基本职能看成是均等地对一切儿童施行教育。⑤批评把学生当作可按种族性、社会阶级和宗教来划分的“社会原子”的传统研究法。⑥批评教育心理学家把学习问题归结为儿童个体头脑内部的问题的倾向。

自20世纪60年代后期起，文化教育人类学取得了很大发展，一方面积极参与社会重大教育问题研究，特别是60年代后期学生运动、嬉皮士问题研究、种族隔离教育政策研究，以及70年代新教育模式重建运动和80年代教育文化运动等。另一方面出版了诸如乔治·奈勒（G. F. Kneller）的《教育人类学导论》、斯平德勒（George. D. Spindler）的《教育与文化过程》《学校教育人种志研究》等专著和论文，预示着教育人类学的成熟和发展，成为教育科学决策的主要参考依据。

20世纪80年代末，文化教育人类学研究重点逐渐转向：一是日益重视对跨文化教育中人的发展的比较研究；二是立足于推进多元文化教育的融合与协调，教育人类学成了基本的研究力量；三是把主要任务放在研究儿童的不同行为模式及不同环境中儿童的发展与学习上；四是注重和全面推进教育人种志研究，探讨不同的教育模式的文化传播功能对学生的作用，解决不同种族间的教育问题；五是注重研究多元文化教育与国家发展等重大政策性论题。

2. 哲学教育人类学

哲学教育人类学统称为教育人类学，流行于西欧，以德语系国家为主，其目的是运用哲学人类学原理和方法对教育与人的发展展开研究，探讨人的全面性，用教育的力量来挖掘人的潜能，弥补人的不确定性和不完善性，塑造完整的人。换言之，它是从哲学人类学的角度研究人与教育在功能、发展、实践之间的互动关系，以及人如何通过教育把第一（自然）本性和第二（社会）本性相协调并顺利地发展起来，获得全面本质。

哲学教育人类学坚持研究主体文化的人的一般教育问题，从人类整体本质、功能和发展来寻找教育的最优形式。

（1）草创时期

哲学教育人类学出现于欧洲，是有其历史渊源的。早在16世纪末，新教人文主义者卡斯曼（Otto Casmann）及后来的康德（Immanuel Kant）都强调人的生理和精神的二重性，这就使研究者逐渐分化为注重经验实证性和注重逻辑思辨性的两个派别。哲学人类学侧重于一切有关人的知识的具体经验的哲学概括，试图把经验科学对人的理解和形而上学对人的思考结合在一起，建立人在宇宙中的地位和描述人的完整形象。哲学人类学这种包罗万象的研究范围和教育的广博无间的社会渗透，决定了两者之间的联系并催发了哲学教育人类学的诞生。

哲学人类学的鼻祖舍勒（Max Scheler）强调教育是人完整性的工具，能造出超越动物的智能。另一位大师普莱斯纳（Helmuth Plessner）也把教育与人的发展联系起来。随着哲学人类学的发展，在20—30年代，出现了由探究人而研究教育的热潮，相继产生了阿·胡特（A. Huth）的《教育人类学的本质和任务》、格尔曼娜·诺尔（H. Nohl）的《关于人的教育知识》等论著。1928年出版的舍勒（Max Scheler）的遗作《人在宇宙中的地位》以及普莱斯纳（Helmuth Plessner）的《机体和人的阶段》，都较多地反映了当时人类学研究教育的思想，对教育人类学的产生做了许多开拓性工作。

（2）探索性学科时期

第二次世界大战导致了欧洲经济崩溃和严重的精神危机，人们反思战争，向往美好，不满足于以往神对人的支配而开始寻求对人的新解释。哲学人类学以虔诚的愿望，企图通过对人的哲学整合，造就能向世界开放、推动历史、与上帝合一的完整人，并在关于人和人的生活意义以及人类进步的前景方面说明教育的新方式，创立有关培养完整人的教育思想，从而进一步激发了对教育的反思和探索，激发了哲学教育人类学的新觉醒，形成了探索性的学科雏形。

（3）独立的学术性学科时期

20世纪60年代中后期，哲学教育人类学出现了新的突破，尤其在联邦德国曾一度达到鼎盛。这时期，联邦德国理论界发表了大量论文和专著，教育界最有名的杂志——《教育杂志》和《教育观察》都成了教育人类学的研究园地，并召开了各种讲座研讨会，创办学术团体，埃森大学甚至开设了教育人类学系。同时还开展各种教育讨论和批评错误思潮，积极谋求以系统有力的观点来解决教育问题和确立新学科的理论体系，从而形成了不同学派。

（4）学科体系的形成

20世纪70年代后哲学教育人类学已基本形成，其标志有：一，建立了一系列研究组织，发行了有关刊物，产生了学科带头人；二，教育人类学不再是仅仅为了说明人类学的问题，而主要是用于研究教育对人类生活的各种现象的制约以及在人类生活中的表现，形成了学科研究的主题；三，其研究不再是零散和偶尔的，而是以教育为基点、中心的，其主要的研究既以教育实践为基础，又为教育实践服务，并建构相应的教育理论；四，理论体系已形成，在众多派别中贯穿着基本理论的一统性。

### （二）教育人类学的理论与研究方法

教育人类学的理论经历了人类学家和教育学家的理论建构，早期是一些人类学家对于教育的分析，后来一些教育学家加入进来而形成了以下的理论与方法。

1. 教育人类学的理论

（1）人类学模式时期

早期教育人类学研究或者人类学研究教育中主要使用人类学分析模式。在这一时期，主要是许多人类学家在研究中涉及教育问题，用人类学分析模式来说明教育现象，解释教育与文化、社会发展的关系。如泰勒（E.B.Tylor）的《原始文化》、列维·布留尔（Lvy. Bruhl）的《原始思维》。

显然，这种研究分析模式很难真正或正确解释社会中的教育问题和教育发展。这种对教育的人类学研究显然未能懂得教育对文化的影响，未把教育作为重要的研究问题。

（2）"人类学+教育学"模式时期

20世纪30年代后，由于教育问题日益突出，研究模式发生了重大变化。一是许多人类学家开始把教育作为研究对象，尽管仍然站在人类学立场上并采用人类学的分析方法，但开始联系教育研究方法对教育进行专门研究，如博厄斯、本尼迪克特等。二是一些教育学家也积极引进人类学的方法，站在教育的立场上按照教育的要求对教育进行专题性研究，如休伊特等。这一时期，两类学者各取所需，以能解决教育问题为主，并不专注于特定研究方法和学科建设。

而这一时期的教育家则重视引进人类学方法研究教育，开始用文化的观念看教育中的种族问题，倡导多元文化教育，宣扬教育对人发展的作用，反对种族决定论和遗传决定论。

（3）教育人类学模式时期

1954年斯坦福大会后，发展教育人类学的学科意识日益强烈起来，加上教育问题越来越受到社会关注，以及教育问题的复杂性在加强，促使从事教育人类学研究的学者日益关心研究的理论分析方法问题。

美国学者斯平德勒早期也套用人类学模式研究教育，但实践证明不适用。在多年实践中，他不仅积极推进教育主题转变，注重倡导研究主流文化教育，还积极推进理论分析模式创新。20世纪60年代后他提出一种工具性分析模式，取得了较好的研究结果，但仍无法解释学校中个人的文化选择问题。西格尔（Bernard Siegel）提出一种"结算"模式，分析学校作为生态系统的内部互动与学校、家庭、社会的外部互动关系。亨利（Jules Henry）根据米德（Margaret Mead）的代沟理论提出一种广义教育的文化传递理论，描述从古代背记古训教育，现代老人与年轻人互学，到后工业社会老人向年轻人学习的模式。斯平德勒认为这些模式过于宽泛，提出一种文化压缩和不连续性模式，认为可通过在人的各种关键年龄阶段学习某些压缩的典型文化的分析框架来说明教育与人类进化。这些理论都对教育人类学的学科发展起了重大作用，但因过于"文化化"而难于推广。后来斯平德勒又以罗夏墨迹测验为方法设计了一种适应性模式，西格尔（Anthony Seeger）引进信息论和系统论来分析学校的功能，在一定程度上做了有益的探讨。

在德国，20世纪60年代后形成了博尔诺夫（Otto Friedrich Bollnow）的分析经验主义理论分析模式，注重分析教育与人的各种因素关系，后来罗特等人又发展了综合主义理论分析框架，强调教育的整体功能，从早期注重思辨阐述向经验主义方法发展。这些都表明，教育人类学自20世纪60年代后期已非常自觉地把学科理论与研究活动结合起来，重视学科建设，走向学科发展的成熟。

20世纪80年代后，教育人类学研究主题更倾向于主流教育中文化与人的发展问题，其学科理论分析框架也由研究种族对立转向更倾向于多文化教育。

（4）本质生成模式

本质生成模式，指研究人的本质与教育的本质的互动关系和生成发展，换句话说，就是研究人之所以成为人和教育之所以成为教育以及他们的互动关系，特别重视从人与教育的本质的形成、发展、改变的一般特性上，把握教育在人发展中的一般作用模式。

哲学教育人类学对于本质生成的研究非常直接。目前形形色色各种各样的哲学教育人类学理论模式，实际上都可以归结为对本质的研究，其差异只不过是侧重点有所不同而已。哲学教育人类学的本质生成理论分析模式主要表现在下列三点：

第一，人的形成是认识教育的基础，即通过对人的本质的形成和改变的了解来把握教育。哲学教育人类学认为，研究人的本质是把握教育的基础，而对人的本质的研究是对人的研究的最高形式，这对把握教育是非常重要的。普莱尼斯教授认为，人的本质是人的内在，其外在表现是人的图像，即人对人的自我概念，人如何作用、塑造其本质，培养理想图像，关键是靠教育的作用，教育人类学必须把阐明其关系作为本学科的使命。博尔诺夫认为通过人的本质才能把握教育的本质。

第二，教育的本质在于人的塑造，即通过对教育本质的认识来把握对人的本质的塑造和培养。一些学者指出，只有对教育本质有充分的了解和认识，才能驾驭教育，实现对人的最佳培养。苏克（Sugen）把教育分为上、中、下三层，即精神、政治和物质的复合结构体，正确地发挥教育的作用，就能培养出良好、理想的人的本质。罗特（Carl Fuhlrott）从经验科学出发，研究把握多种教育现象和教育行为，从而达到改变心灵、改变热的本性的目的。

第三，教育过程包含人的生成，即如何通过教育过程来体现人的本体，表现人存在的价值和人的自我实现，论证人的形成。一些学者认为，所有了解和培养人的本质和教育本质都必须在实践的过程中实现，其中教育实践即包括教育改革和教育发展，是培养真正的人的最重要工作。戴波拉夫（Daipolafu）对此有系统的论述，认为通过教育的整合，个人与社会发展就会达到一种和谐和统一，为教育本质和意义所统合，促使自我的形成，从而达到自我实现。即使是洛赫（W. Loch）的“文化化”说，也是在论证文化过程中人的本质如何社会化的问题。

（5）工具主义模式

斯平德勒提出了一种文化压缩和不连续性模式，认为儿童的文化适应是一种文化压缩的反映，人的发展是有阶段的，人的发展阶段是人类文化发展的缩影，学习就是在人生各个关键阶段上进行的文化过程。这种过于“文化化”的模式很难适应实际的应用。20世纪60年代后，斯平德勒总结多年的探索，提出工具主义模式并运用到具体的研究中，取得了较为满意的结果，为许多学者所应用。其基本原理是“通常只有可接受行为能产生预期性的符合愿望的结果，那么，文化系统就能运行”。该模式认为，行为或活动是达到目的的工具，而目的是系统化了的、相互联系的，因而是形成文化系统的“核心”，行为与目的之间的联系是工具性联系。教育只有成为通过连结这种工具性联系的活动，才可能真正塑造儿童的特定行为，培养特定的价值观、态度、信仰和各种技能和能力，即使儿童的行为能产生这种文化系统所期待的结果，也使儿童从中获得相应的报偿，如功名、地位、金钱等。教育建立这种工具性联系，是一种社会需要，也只有这样才能使社会文化得到运转。而儿童的认知适应性就是根据这个工具主义建立起来的。当社会变迁时，在新信息作用下，儿童就会转变到文化系统相适应的认知模式，实现从对传统工具性联系的怀疑到抛弃，最后采用新的工具性联系。

斯平德勒发展了一种以收集有关文化传递模型资料为目的的特殊方法——工具活动调查表或称IAI。这种方法由37套表示传统的和新的工具性活动的线条画和图片材料组成。通过对被试按特定方式挑出他喜欢的画片进行正态统计分析，用以诊断被试的工具性选择和发展定向中的变化。他把这种分析方法应用到对德国农村学校的学生的研究中，对学生社会价值观、人生态度以及所形成的文化适应体系的认知模式进行了研究，取得了非常重要的成果。

（6）互动传递模式

互动传递模式或译执行模式，亦称交互文化传递模式，是由许多不同的研究所推动的，是著名教育人类学家吉尔林（F.C.Gearing）、汉森（Anne Hansen）、罗伯茨（Simon Roberts）等人提出的一种较为严密的整体文化传递理论。该理论非常强调群体成员的交互作用中对文化内涵的获得，认为只有在实际交往和实践文化规则中才可能真正理解和获得这些文化规则。

理论假设：任何社会和群体的文化传统都是由一系列不同形式却相互联系的各种意义等价物构成的。这种等价物是群体中每个成员同其他成员的反复交往过程中都曾相互执行过的事物意义的替代物。文化传递就是在某种相互交往中（主要是幼年人和成年人以及相互之间）通过相互应用执行这种等价物来实现的。

（7）系统共生模式

以西格尔（Anthony Seeger）为首的一批学者探讨学校教育过程的各种力量，提出了系统论模式，把影响学校教育的各种力量都纳入系统的特定位置，从文化渗入、影响机制到对学生的影响以及学校教育系统的形成、运行、控制、转变，进行了系统的研究，在学校教育如何适应社会文化变迁方面提出了有独创性的见解。他提出了三个相关的作用模式：一是结算模式；二是文化渗入模式；三是路径分析模式。结算模式是通过空间、时间、事件、因果、物体刺激与行为反应等因素来研究学校生态系统中的线性或非线性关系，寻找系统中各生态因子互动的一般规律，通过对特定因素的研究来把握、推知和控制其他因素甚至整个系统，是一种整体分析方法。文化渗入模式，即文化移入，指两个以上不联系的群体及其文化中的个体发生持续不断的互动而导致的变化。路径分析模式是人类学常用的方法，主要探讨通过哪些渠道传递文化，各种渠道作用的程度，如何组合渠道作用从而形成最佳功能，实现文化传递最优化。

2. 教育人类学的研究方法

（1）人类学的还原原则

人类学的还原原则是博尔诺夫在总结普勒斯纳的方法论思想基础上提出来的。他指出，这一原则可以直接从普勒斯纳谈起，后者主张不再从人在宇宙中所处的地位来考察人，而是从人创造文化的历史过程，以及人与他创造的这些文化和历史世界的关系中来考察人。普勒斯纳在此把人理解为“文化的发祥地”，指出作为创造性成就的一切文化，例如国家、宗教、法律、经济、科学和艺术等等，都是由人创造出来的，因此一切文化都不具有那种独立于人而人又必须服从的因果规律性。相反，从人在这些文化领域表达出来的一定需要出发，从其在人的生活中所要发挥的作用出发，才能理解这些文化领域。博尔诺夫说他因这一原则与胡塞尔的现象学的还原原则有某种类似之处，故把它称为还原原则。

博尔诺夫指出，一切文化源自人这个“产地”，文化的形成过程可以理解为人真正意义上的生产性过程，即创造性过程。因此要对人类文化真正有所认识，就得追根溯源，必须把视角对准人，也就是还原到人这一“文化发祥之地”上。他认为这一原则同时也把对人的静态考察变成了动态考察。

（2）人类学的工具原则

博尔诺夫指出：“假如人类学的还原原则曾从作为文化创造者的人出发来理解客观文化领域，那么我们也可以把创造者与创造物的关系颠倒过来考察，并提出‘从人出于某种内在需要创造了这个文化世界的事实中，可以对人本身推断出什么结论？’这样的问题。谢林把艺术作为‘哲学的工具’。普勒斯纳受谢林这一思想的启发，把各种文化领域理解为哲学人类学的‘工具’。”这就是说，人类学的工具原则意味着把文化作为考察人的工具。

博尔诺夫认为，人一旦创造了文化，这种文化就脱离主体，即脱离了人而独立出去，成为一种客观的存在，并被世世代代传递下去。人从自己的需要出发创造了文化，因此我们可以把这种客观化了的文化作为媒介来了解人的需要，并进而了解人的本质。他写道：“人不能通过反省来认识自己，只能绕道通过自身的客观化来认识自己。”

博尔诺夫与其他教育人类学家一致认为，人类学的还原原则与工具原则是相互依托、相辅相成的。它们涵盖了文化人类学的研究范围，我们在应用它们时也常常要把两者结合在一起。

（3）人类学的解释原则

博尔诺夫指出，人类的一切生活现象并非都可以概括为文化，其中有些现象是直接同生活本身联系在一起的，而同客观化了的文化无关，因而人类的一切现象不能都从文化出发来加以理解和解释。这些现象包括某些身心结构的特性，例如情绪、感情、本能等。有鉴于此，他提出了第三种人类学的方法原则，这是最普遍的方法原则——人类学的解释原则。

博尔诺夫写道：“这一原则的出发点是，出于某些原因而引起特殊兴趣的那种一开始随意产生的人的生活现象（恐惧、快乐、羞愧、劳动、节目等，但也包括直立行走和手的使用等），并且力求由这些现象出发从整体上认识人，同时在某种程度上对这种认识作这样的推测，即所观察的现象具有一种必要的、不可或缺的作用。”这就是说，我们通过人类学的解释原则去理解人类的一些生活现象，就可以发现，它们并非纯属偶然，而是人生活中不可缺少的有意义的一环。例如恐惧，它不是人的一种缺陷，而是人完美性的一种表现，因为人只有通过恐惧的袭击才能从其漫不经心的日常生活中解脱出来，并明白自己的真正存在。我们可以从人的一些个别现象中了解人的一些本质特性，也就可以从中获得人的整个形象，从整体上获得对人的本质的认识，并从整体上对人的本质作出解释。

正如博尔诺夫上面指出的那样，解释原则是最普遍的原则，因为教育人类学除了要对一些非文化现象作出解释以外，也要对人类创造的文化及其创造意图和过程作出解释，还原原则和工具原则本身也离不开解释。

除了上述教育人类学的三个方法原则以外，博尔诺夫还提出了开放的问题原则。他认为，我们的认识不可能达到尽善尽美，我们始终处在不断探索之中，不断有新问题出现，也不断需要有新的方法，因此无论是我们的认识（包括对人的本质的认识），还是我们的方法原则都不应当是封闭的，而恰恰相反是应当开放的。每一点对人的本质的新认识，每一种新的观察方法，都应当被我们吸收进来。这就是开放的问题原则的主要思想。严格地说，这一原则已超出了方法的范畴，属于思想方法问题。

## 三、生态人类学

“生态人类学”一词由美国的维达（Andrew P. Vayda）和拉帕帕特（Roy A. Rappaport）于1968年最早使用。从学术史的角度来看，它是由“文化生态学”发展而来的。

### （一）生态人类学形成的背景

20世纪50年代后，人类学者普遍开始对生态学的研究角度发生兴趣。这种研究趋向的增强，一方面与人类学中文化价值与模式以及结构主义解释缺陷受到普遍反思和质疑有关。另一方面与环境污染威胁到人类的生存，人类生态环境问题日益突出的现实密切相关。人类对自然环境有永久性的依赖，生态环境日益受到破坏，需要人们采用生态学的观点，关注人类在经济的发展进程中出现的危害问题，并提出解决这些问题的措施和建议。此外，将生态学的观点用于人类学，也是对人类学过去偏倚以文化解释文化的方法的矫正。

就学术史来看，给予生态人类学以影响的重要理论有：动物生态学，尤其是灵长类生态学，文化人类学中的被进化主义发展了的文化生态学、文化进化论。此外，功能主义考古学的影响也不容忽视。

### （二）生态人类学的内涵及其研究内容

生态人类学研究人类学与环境之间的关系。环境既包括自然环境（物理、化学和生物环境），也包括人造环境（人类的社会文化环境）。此外，生态人类学还关注人类的生物特质与环境之间的关系。

生态人类学研究的主要内容包括：①人类对环境的生理与形态的适应；②人口与生态环境之间的关系；③营养结构与人类体质状况；④自然资源开发与生态系统循环的关系；⑤生态和文化的相互渗透及影响。

现在，生态学已涉及广泛的生态领域，诸如现存狩猎采集民和燎荒旱作农耕民的比较，食物和营养的摄取，能源、土地的利用，环境的接受能力，农耕的起源、交易，等等。不过，生态人类学的中心课题是阐明以生存手段为中心的与生物性的、社会文化的各种特性有机联系的人类与环境的关系。

### （三）生态人类学的理论与研究方法

1. 有关生态人类学的理论

同其他学科一样，生态人类学也有一个产生和发展的历史过程。生态人类学在发展过程中由于受不同人类学学派的影响形成了不同的理论观点。最初，生态人类学思想的环境决定论色彩很浓。到20世纪五六十年代，情况发生了变化。在这个时期，社会科学家纷纷反对因果关系的解释，对此人类学家也力求建立新的方法来分析和理解所搜集的资料，进而上升到新的理论观点。20世纪90年代以后，生态人类学又出现了新的变化，其影响和发展趋势目前尚不明朗。

（1）环境决定论

在生态人类学发展过程中，有相当长的一段时间都受简单的因果关系论的思想统治，即人类社会和文化的特点可以由它们所处的环境来解释。这种理解就是承认环境因素是决定人类社会和文化特点的要素。

生态人类学理论的思想渊源可追溯到早期西方社会思想中的环境决定论。环境决定论认为物质环境在人类事务中发挥着“原动力”作用。人格、道德、政治和政体、宗教、物质文化、生物诸方面均与环境有关。希波克拉底的体液论是最典型的环境决定论。他认为人体含有四种体液：黄胆汁、黑胆汁、粘液和血液，分别代表火、土、水和血四种物质。这四种体液在人体中所占的比例会造成个体的体格和人格上的差异。而气候决定体液的比例，进而决定体质形态和人格的地域性差异。由于过度炎热和缺水，居住在热带的人们易动感情，沉溺于暴力，懒散、寿命短和动作敏捷。柏拉图和亚里士多德把气候与政体联系在一起。他们认为温和的气候产生民主政体；炎热的气候则产生专制政体；寒冷的气候不能形成完善的政体形式。18世纪，法国启蒙运动重要代表人物孟德斯鸠将这一理论观点运用于宗教的分析，认为炎热的气候易于产生消极的宗教，如印度的佛教；寒冷的气候产生适应个人自由和活力的侵略性的宗教。18世纪中后期，英国“爱丁堡学派”成员之一霍姆与孟德斯鸠一样，认为气候、土壤、食物以及其他外部环境因素对人类种族的形成有重要影响[①]。20世纪中期，地理学家亨廷顿（E.Huntigton）继承了这种思想，认为最高形式的宗教仅产生于温带，因为温和的气候更有益于产生理智的思想[②]。

19世纪中叶，达尔文的生物进化论思想在当时的自然科学和社会科学中影响广泛。人类学界也不例外。如果生物多样性可以用环境压力来解释，那么文化多样性为什么不能呢？随着人类学研究的不断深入，尤其是博厄斯和马林诺夫斯基等人类学先驱的研究方法的应用，人们发现一些人类学家最感兴趣的人类文化现象，如交易制度、婚姻规则、亲属关系术语、政治制度等，在地形和气候条件相似的不同地区却差异很大。不管环境因素在形成人类文化过程中的作用如何，它显然不像早期社会思想家们所设想的那么直截了当[③]。于是，以体液论为基础的环境决定论在19世纪末和20世纪初开始衰落，但环境决定论思想仍然影响着生

---

① 夏建中：《文化人类学理论学派》，中国人民大学出版社，2003年，第9页。

② [美]唐哈德.L.哈迪斯蒂：《生态人类学》，文物出版社，2002年。

③ [英]凯·米尔顿：《多种生态学：人类学，文化与环境》//中国社会科学杂志社：《人类学的趋势》，社会科学文献出版社，2000年，第295-296页。

态人类学理论的发展。后来，在生态人类学中出现的环境可能论、文化生态学和文化唯物论等，都或多或少带有环境决定论的影子。

（2）环境可能论

20世纪二三十年代，人类学界对环境的解释由决定论转向可能论。这种转变主要归因于博厄斯开创的历史特殊论学派。博厄斯对特殊文化的强调，不再说环境直接影响文化。然而，博厄斯并非忽视环境对文化的影响。他认为环境是限制和改变文化的相关因素，但环境对解释文化特征的起源无关。环境的重要作用在于解释一些文化特征为什么没有出现，而不是说明它们为什么一定产生。它的产生应归因于历史。

克鲁伯（A. L. Kroeber）对北美玉米作物分布的研究是运用环境可能论解释的最著名的例子。他发现北美玉米作物的分布受气候的限制。在生长期内，玉米的生长需要长达4个月的充足降水，并且不能有毁灭性的霜冻。考古学家韦德尔（W. Wedel）也做过类似的研究。他指出，平原上早期农耕的地理分布与降雨量密切相关。农业只出现在年平均降水量可以满足农作物生长的地区，以及那些不经常发生干旱的地区；在一些年平均降雨量充足但毁灭性干旱经常发生的地区，则实行农业种植和狩猎采集的混合方式；在一些年降雨量极少并且干旱又频繁发生的地区，则仅出现攫取式的生产方式。

环境可能论对“文化区”概念的形成贡献卓著。1896年，梅森（Q. T. Mason）就指出，物质文化和技术的地理分布是由环境塑造的，而非由它引起。基于这一假说，他确立了12个民族环境文化区。梅森的这项工作后来由威斯勒（C. Wissler）和克鲁伯继续进行。两人都认识到文化区和自然区域之间具有普遍的相关性。因此，美国东部农业的出现，不是温和的气候造成的，而是气候许可了农作物的生长期所需的必要条件。同样，在马和火器传入美国大平原之后，狩猎大野兽成为可能，但这并不是草原造成的。美国大盆地地区和其他“边缘”地区文化发展的差异归因于环境限制，而美国东南部却不存在此类环境限制，因而文化“兴盛”。无论如何，不能用环境因素解释为什么一个文化区域表现为父系继承，而另一文化区域由一母系继承为特征，这只能从文化史的角度加以解释。因此，克鲁伯评论道：文化源于自然，要彻底认识文化，只有联系其根源的自然环境，这是事实；然而，像根植于土壤的植物不是由土壤制造或造成的一样，文化并不是由其根植的自然环境所造成的。文化现象的直接原因是其他文化现象[①]。

作为一种理论解释框架，环境可能论的解释与我们观察到的实际情况没有矛盾，诸如气候限制作物的选择；民居类型受到可利用的建筑材料的限制；人类的居住区在一定程度上受供水状况的限制等。这些情况均属自明之理。但环境可能论对于人类文化的大部分情况仍然无法明确说明，如人类采取的经济和政治策略的细节，人们的信仰和意识形态的内容，人们的婚姻习俗和礼仪等方面，环境可能论都没有触及。对此，美国人类学家格尔茨有过精辟的论述："使用这样一种公式，人们只能最笼统地提出：文化受环境影响的程度如何？人类活动在多大程度上改造环境？答案只能是最笼统的——在一定程度上，但不是完全。"[②]可见，环境可能论也不是一个完满的理论解释框架，而文化区的概念不过是环境决定论和极端传播论的折中产物。不过，生态学观点的引入使人们对环境与人之间关系的认识得到进一步的扩展。20世纪30年代，美国人类学家斯图尔德将生态学思想引入人类学的领域，为人类学开辟了一个新的研究视野。

（3）文化生态学

学术界谋求解释人类文化的多样性，环境可能论却无能为力，但是人们又坚信环境对文化演变的影响绝不仅仅是设定了一些限制。这就引发了热衷于环境决定论的又一次浪潮。它以文化生态学的形式出现，其先驱者为斯图尔德。他批评环境可能论把环境对人类事务的影响看得过于消极被动。斯图尔德认为，文化特征是在逐步适应当地环境的过程中形成的，在任何一种文化中有一部分文化特征受环境因素的直接影响大于另外一些特征所受的影响。他把这种文化中易受环境因素影响的部分称为"文化核心"。按照同样的道理，有些环境因素对文化形式的影响大于另外一些环境因素。越是简单的和早期的人类社会，受环境的影响就越直接。地形、动物群和植物群的不同，会使人们使用不同的技术和构成不同的社会组织。他给文化生态学的研究方法规定了三个程序：第一，分析生产技术与环境的相互关系；第二，生产技术与人的"行为"方式的关系；第三，行为方式对文化其他方面影响的程度。他以美国内华达州的西部肖肖尼人的居住环境和生产生活为例进行了详细说明。斯图尔德关于"生态环境决定生产活动，再决定生

---

① ［美］唐哈德.L.哈迪斯蒂：《生态人类学》，文物出版社，2002年。

② C.Geertz, *Agricultural Involution: The Process of Ecological Change in Indonesia*, Berkeley and Los Angeles: University of California Press, 1963, p.3.

活方式和组织类型”的理论实质：文化与自然环境虽然是相互作用的，但是自然环境起着最终的决定作用，它不仅允许或阻碍文化发明的运用，而且往往还会引起具有深远后果的社会适应。斯图尔德所倡导的文化生态学很受西方文化人类学的重视，许多新出版的概论书籍中都列有文化生态学研究的专章或专节。

在认识到斯图尔德的文化生态学说的重要性的同时，文化生态学的后继者维达和拉帕波特也指出了它的不足。首先，斯图尔德的主要目的在于解释某种文化特质的起源。然而，他的方法首先证明文化形貌与环境特征如何协变，如何有机地相互联系，也就是说他的文化生态学似乎不能支持他的理论观点。其次，文化核心只包括技术，而不包括仪式和意识形态，实际上后两者也与环境相互作用。再次，在斯图尔德的视野中，环境特征既没有包括其他生物（如病菌），也未包括其他人群，或许这是他的最大缺陷。最后，他的方法排除了生态学，从而没有对文化与生物学之间的相互作用进行研究，既无遗传研究，也无生理研究[①]。

尽管文化生态学有很多缺点，但它认识到环境和文化不可分离，它们相互定义对方，两者处于辩证的相互作用之中。斯图尔德的另一个贡献是在研究方法上。他详细地研究地域集团的生产方式和生息环境的方法论，却成为了以后生态人类学的基本方法。因此，尽管生态人类学这一术语最早由维达（A. P. Vayda）和拉帕波特（R.A.Rappaport）提出，但人们普遍认为斯图尔德是生态人类学的真正开创者。正因为如此，他的文化生态学又常被称为生态人类学。

（4）文化唯物论

哈里斯（M. Harris）的文化唯物论把适应环境作为最重要的解释机制，目的是通过追溯各种技术、居住模式、宗教信仰、礼仪等文化特征同环境因素的联系来论证它们适应环境的唯物的合理性。他最有名的一个例证是关于印度的圣牛。印度教禁止杀牛和吃牛肉。这种禁忌的结果使他们养了许多年老力衰和失去生育能力的牛。这些牛在印度乡下悠闲地逛来逛去，妨碍交通和扰乱市场。这些看似没有用的东西却被印度教农民以宗教的名义保留下来，这在西方社会中是不可理解的，因为牛肉一直是西方人的主食之一，它能给人提供热量和蛋白质。但从印度当地环境背景来看，不杀牛却很有道理。在当地，牛的作用体现在多方面，即供应奶、犁地、负重、运输。仅牛粪就有好几种用途：做肥料、燃料和铺地的材

---

① ［美］唐哈德. L. 哈迪斯蒂：《生态人类学》，文物出版社，2002年。

料。牛粪作为肥料和燃料对环境能量系统有很大的贡献。它为农民节省了上百万吨的化肥，因为化肥价格太高，农民一般买不起。牛粪又是烧饭用的主要燃料，如果把大批牛宰杀了，那就必须买煤、木柴或煤油等昂贵燃料，而牛粪却比较便宜。因此，从唯物论的观点来看，印度人不吃牛肉的禁忌是有其合理性的，因为这样做有利于保存由牛提供的肉以外的其他资源。有学者曾对西孟加拉农村牛的生物能平衡问题做过研究。他发现，牛基本上能把对人类没有直接用途的东西变成供人类直接使用的产品。牛提供给人的有用的产品总共发挥的能的效率，比农工业生产的牛肉的能的效率大好几倍。他认为，按照西方标准去判断印度牛的生产价值，是不适合的①。

哈里斯的文化唯物论避免了斯图尔德把文化特征划分为文化核心和外围部分所引起的理论和方法上的困难。尽管他没有采用因果关系的解释，但他对文化特征以合理性为依据的解释，仍然带有浓重的环境决定论色彩。人们甚至怀疑文化唯物论可以算作环境决定论的一个学派。米尔顿（K. Milton）认为："哈里斯的明确意图是：所要证明的不是某些环境特征是特定文化特征演化的直接原因，而是在环境所施加的物质条件下，所有文化特征都有了生态意义。然而，他的文化特征是适应环境的产物这一观点，使他的学派仍属于环境决定论，因为它赋予环境以形成文化的决定作用。有理由认为较之斯图尔德的文化生态学，哈里斯的文化唯物论的环境决定论色彩更浓，因为它更全面地考虑文化现象之间的相互联系，从而使决定论的线索在凡是可以找到这种联系的地方都存在。"②

（5）生态系统论

20世纪60—70年代，环境决定论、文化生态学和文化唯物论各学派的理论观点相继衰落。究其原因，一方面文化特征要适应环境条件的观点，在很多情况下与人类学家们观察到的实际情况不符；另一方面在文化人类学领域发生了反因果关系解释的革命。人类学家对人类行动的决策过程和动机更感兴趣。在这个层面，基于因果关系的解释便站不住脚，因为它否认选择的可能性，而选择恰恰是人类学家现在谋求理解的机制。这标志着理论观点的重大变化。人类学理论的发展导致了生态人类学学者的分道扬镳。一部分着重研究人类自身的概念世界的人

---

① ［美］马文·哈里斯：《文化人类学》，东方出版社，1988年，第350页。

② ［英］凯·米尔顿：《多种生态学：人类学，文化与环境》//中国社会科学杂志社：《人类学的趋势》，社会科学文献出版社，2000年，第299页。

类学家建立了“民族生态学”（ethnoecology）的新领域。还有许多人类学家仍然认为人类活动属于包括环境现象在内的更广泛的系统。他们仍然对解释这类系统如何运作感兴趣。人们更易于接受从生物学中借鉴的界定人与环境的关系的生态系统研究方法。

生态系统（ecosystem）就是在一定空间中共同栖居着的所有生物（即生物群落）与其环境之间由于不断地进行物质循环和能量流动过程而形成的统一整体。地球上的森林、草原、荒漠、海洋、湖泊、河流等，不仅外貌有区别，生物组成也各有其特点，其中生物和非生物构成了一个相互作用、物质不断循环、能量不停地流动的生态系统。也就是说，在生态系统中，人类、其他生物及非生物互为环境、相互有影响。人对环境有影响，也受到环境的影响。虽然“生态系统”的概念在20世纪30年代就有了，但是大约30年以后人类学学者才开始引用。拉帕波特的生态系统论方法给生态人类学研究带来了一项重要创新。

为了理解一个生态系统如何运作，就需要弄清楚它的各个组成部分所进行的物质交换如何达到平衡，又是如何通过“体内平衡”过程实现稳定的。这要求生态人类学家对不同食物的营养价值、不同耕作方式对土壤肥力的影响、人类不同类型活动的能耗、家畜对环境的影响等进行衡量和比较。过去生态人类学家像其他人类学家一样，趋向于重点研究人类文化（信仰、价值观和制度体系）与人类社会（由具有共同文化特征联系在一起的人的群体），把它们作为主要的分析对象。而生态系统学派则引导他们重点研究人口总体对环境条件施加的影响，以及受环境物质的影响。

用生态系统观点来进行生态人类学研究的最著名的案例是美国学者拉帕波特（R. A. Rappaport）对巴布亚新几内亚高地马陵人（Maring）的仪式和战争所做的经典研究。在传统上，马陵人与相邻社区之间的关系总是时战时和、交替进行。双方交战时，每一方都得到周围地区盟友的帮助。战争结束时便杀猪祭祀，把肉分给盟友以感谢他们的帮助。进入和平时期，猪会迅速增多，以至于妇女们难于照料，于是猪便跑到邻居的园子，或到田野里毁坏庄稼。更重要的是，马陵人采用的是原始的刀耕火种农业，其有限的粮食不足以饲养很多猪。当出现人畜争夺食物现象时，他们会举行杀猪宴。这样一方面维护了人、猪和环境这个生态系统的平衡，以缓解环境资源压力；另一方面用猪肉举行宴会，借此机会巩固旧盟友，建立新盟友，以便迎接新一轮战斗。于是拉帕波特的分析识别出一个生态系统，其主要组成部分有人口、猪群、植物性食物（包括人、畜都吃的庄稼）以及人畜占用的土地。杀猪宴成为战争与休战交替循环的转折点。在这个循环过程中，人与猪之间的各种资源得到重新分配。

生态系统论的研究开辟了与传统人类学不同的研究方法。它看重人类活动的物质后果，把人们自己对周围世界的文化理解置于微不足道的地位，把生态人类学纳入自然科学的生态学领域。在这一领域，正如拉帕波特所述，人不是作为社会和文化的存在物，而是作为同所在生态系统的其他组成部分进行物质交换的有机体①。生态系统论的贡献：第一，它强调人与环境的相互影响；第二，在研究方法上，它要求人类学家运用测量法研究人类与自然环境之间进行的各种物质和能量的交换；第三，它关注人口与环境之间的关系，从而促进了一门新的分支学科——人口生态学的产生和发展。然而，由于生态系统论有浓厚的生物学色彩，这样就难免过分关注环境中的各种因素的相互影响，因而忽视文化的作用。

（6）民族生态学

民族生态学是生态人类学在20世纪60—70年代发展中所经历的另一条主线，是认知人类学的一个亚领域。大约从20世纪60年代起，人类学家对理解人类自己的感受及他们对世界的解释日益感兴趣。具体表现为，人类学家对人类活动的动因（目标、动机、假想、信仰）、人类行动的社会和文化后果感兴趣的程度大于他们对环境影响的兴趣。以人们自己的世界概念模型作为研究重点，产生了“认知人类学”。而民族生态学则是认知人类学的一个分支。其中，“民族”指的是从被研究者的观点界定的知识领域。“生态学”是一门科学。它的理论和研究成果被认为是具有普遍性的。“民族生态学”则是对特定文化传统和环境的感知，从而得到当地人所具有的世界观。民族生态学认为环境不是一个实在，而是人类感知与解释外部世界的产物，即环境是文化建构的产物。而人们对周围世界的感受和解释是五花八门的。例如，在一些社会里，动物是供人类使用的物质资源；而在另一些社会里，这些动物是祖先灵魂的化身。这种对事物理解的多样性就只能解释为人们的个人和社会经验不同所致。于是人类学家就把不同的世界图景看作“构筑物”，是通过社会互动建构的。一旦知识本身也看作由社会构筑的，那

① R.Rappaport, “Nature, Culture and Ecological Anthropology”, in H.L.Shapiro (ed.), Man, Culture and Society, Oxford: Oxford University Press, 1971, p.264.

么西方科学所理解的生态学同“民族生态学”一样，也不过是一种对环境的观点而已[①]。

实际上，民族生态学经常被限定于对一些地域环境的本土分类法的研究，或仅对一系列动物和植物物种名字和用途的描述性记录。康克林（H.C.Conklin）对菲律宾哈努诺人进行的民族生态学研究是典型的范例。他通过对哈努诺人文化内部结构的分析，识别出哈努诺人本土色彩分类系统的复杂内部结构，归纳为明亮度、暗度、湿度和干度等四个基本词汇。哈努诺人对当地的动植物有自己的一套认知系统。他们根据植物的叶形、颜色、产地、大小、性别、生长习性、生长期、味觉、气味等给植物分类。在植物种类中，每一种都有专门的系统名称。其名称由1—5个字词组成。他们把这些种植物根据本地人分类方法分为890类，与科学的植物学中的650个属和大约1100个种相对应。民族生态学家运用参与观察法和无结构访谈等传统人类学调查研究方法，观察和了解有关当地人如何理解他们的生存环境、人与环境相互作用等相关知识。

从目前来看，生态人类学的理论主要有“决定论”和“互动观点”理论。决定论有两种观点，即环境决定论和文化决定论。前者认为地理环境因素决定性地造就了人类及其文化，后者的看法则完全相反；互动观点认为，文化与环境之间是一种对话关系，文化和环境的重要程度因时因地有所不同，有时文化显得比较重要，有时环境显得比较重要。

2. 有关生态人类学的研究方法

生态人类学的研究方法主要有：①多学科的合作研究，要了解自然环境中对人类有影响的因素，特别是要了解能量交换模式—特殊生态系统功能的核心，研究者必须具有有关降水量、地下水、土壤类型、温度、各种植物和动物分类的专业知识。②比较研究，主要包括共时性的研究，比较研究生活于不同环境下的同时代的不同群体；历时性的研究，对同一个群体进行纵时的研究。③应用性研究，直接探讨与当代利害相关的问题，如环境的恶化、能源供应、污染、社会秩序的杂乱无章等。

---

① ［英］凯·米尔顿：《多种生态学：人类学，文化与环境》//中国社会科学杂志社：《人类学的趋势》，社会科学文献出版社，2000年，第307页。

### （四）生态人类学的新近发展

20世纪90年代以后，人类学理论发展呈两种倾向：一是反对极端的文化相对论；一是批判现代主义割裂自然与文化的二分法。另外，当代生态人类学的一个显著特点是与现实结合比较紧密。因此，关注现实的生态环境也是生态人类学在新世纪发展的一个新趋势。

1. 反对极端的文化相对论

文化相对论是20世纪50年代以来人类学界比较流行的一种思潮。代表作是美国人类学家赫斯科维茨（J. Herskovits）的《文化人类学》。主要观点是每一种文化都有其独创性和充分的价值，每种文化都有自己的价值准则，一切文化的价值都是相对的，对各群体所起的作用都是相等的，因此文化谈不上进步或落后。它主要包括认知相对论、逻辑相对论、历史相对论、语言相对论、道德相对论、发展相对论。文化相对论对每种文化价值的肯定，有力地批评了欧美文化中心主义和民族中心主义的错误，推动了多元文化主义政策的实施，但它不加分析地把一切文化看作有同等价值的，实际上是对文化进步的否定。人类学家认为，极端的文化相对论妨碍科学和学科的发展。

为了进行学术争论或许可以坚持认为一切文化都是同等的真实，但为了在现实世界里生活，为了解决实际问题，必须作出抉择，因为人们需要管用的知识。人类学家通过摈弃极端的文化相对论，或者暂不拘泥于其教义，便可以赋予自己的学科以实用价值，让人类学在社会变革中扮演一个有潜力的角色。

2. 批判现代主义割裂自然与文化的二分法

极端的文化相对论在人类学思想中已经失去了影响力，但一种比较能让人接受的文化解释，即文化只能凭借它们自己的术语才能正确理解之说的影响力却丝毫没有减退。在近年来的人类学（包括其他社会科学）思潮中，这种趋势表现为反对把自然与文化截然分开，即反对把西方科学的框架视为普遍适用的论点。这一学派认为西方科学思想中泾渭分明的东西在其他文化中不一定存在。如果人类学家套用西方的模型来解释其他文化，有可能会错误地描绘其他文化。

目前有相当一部分学者认为，在某些社会里，人们的世界观中不存在自然与文化的对立。英戈尔德（T. Ingold）曾认为在从事狩猎和采集经济的群体中没有“自然”的概念，“因为世界之为‘自然’，只能是就不属于它的存在而言”。[①]德怀尔（P.D.Dwyer）曾经以类似的思路论证道：一个特定社会是否有能力建立自然的概念，取决于他们把环境看作一个完整的整体，还是把它分为熟悉的和不熟悉的两部分空间，而是否这样区分又取决于他们在环境中如何生活和如何利用自然环境。他曾对新几内亚两个村庄居民的不同生活方式加以比较，说明他的论点。英戈尔德和德怀尔等学者认为，西方的自然概念并非所有的社会都有。这个提法是以特定的自然界说为依据的，是把自然当作文化的对立物，把自然排除在文化之外。有理由认为，这样的概念不仅不见于某些非西方社会，而且也不是对多种西方观点的准确描述。西方的自然概念是多重的和含混的，并不总与文化相对立。米尔顿认为，自然与文化之争表明：不管人类学家是多么努力去做“合乎情理”的文化相对论者，又是多么努力地去以各种文化自身的术语理解它们，人类学这个学科还是限制了他们的作为。按照跨文化的比较要求，对各种文化的解释必须借助在这些文化以外产生的概念，而如果没有比较，也就没有概括；把文化当成独立的自成体系的实体这样一种不切实际的和没有帮助的文化景象，终于又一次使我们进退维谷[②]。

3. 对当代生态环境问题的研究

人类学解决当代环境问题可以在两个方面发挥作用：一是人类学已经形成的知识；另一个是人类学家的理论研究及其所关注的问题。生态人类学家的特长在于他们理解文化在人与环境关系中的作用。为什么理解文化对解决环境问题这么重要？这一点不难理解。假如我们出于保护环境的考虑，需要改变新几内亚居民的经济活动。若不了解猪在马陵人的政治、礼仪以及经济生活中的重大意义，就很容易作出错误的决策，违背当地人的价值观念，必然以失败而告终。我们审视文化在人与环境的关系中所起的作用，不能假定某些特征比另一些特征意义更重大。就新几内亚人的养猪而言，带有政治目的的经济生产和营养需要同等重要。

生态人类学除了提供与特定环境问题有关的知识以外，还可以在一个比较普遍的层面上寻找可持续的生活方式。正如米尔顿所言：“生态学研究能够确定什

---

① T.Ingold, ‘Hunting and gathering as ways of perceiving the environment.’ In R.F.Ellen and K.Fukui (eds.), *Redefining Nature: Ecology, Culture and Domestication*, Oxford: Berg, p.117.

② ［英］凯·米尔顿：《多种生态学：人类学，文化与环境》//中国社会科学杂志社：《人类学的趋势》，社会科学文献出版社，2000年版，第307页。

么样的人类实践对环境有利，什么有害，而人类学的分析则足以揭示是些什么样的世界观支持良性的或有害的做法，转而为后者所支持。人类学有助于我们理解可持续的生活方式所需要的是什么，不仅弄清楚应该怎样对待环境，还可以弄清楚什么样的价值观、信仰、亲属结构、政治意识形态以及仪式传统会有利于可持续发展的人类行为。"①

虽然诸多环境问题不是由生态人类学者界定的，但他们可以同其他专业学者一起提供解决的方法和知识。人类学按其性质而言不是一门技术性学科，但它的优势在于理解其他民族的文化，发现当地文化的生态意义和生态价值，并从其他民族自身文化中找到问题出现的原因和解决的办法。

当代生态人类学有机会在世界环境科学及应用方面做出一些贡献。然而，生态人类学对环境问题的研究也有它的先天不足：一方面那些关注人与环境之间关系如何互动的人类学方法大都仅限于基础研究，对于应用问题却很少关注，更不用说积极采取行动并提倡应用研究；另一方面由于大多数学者主要在一两个方面有所建树，但他们对广大的公众和政府机构的决策影响不大②。对于生态人类学来说，未来的研究应该更多地与实际相结合，提高它的应用价值，扩大它的社会影响，争取更多的公众关注。

## 四、医学人类学

医学人类学是一门新兴的边缘学科。它采用人类学的理论和方法探索医学问题，即以跨越不同的人类社会和经验的观点研究健康、疾病以及治疗。

### （一）医学人类学的形成

医学人类学的形成是建立在对非西方医学的研究、国际公共卫生运动等基础上的。在早期，人类学家开始关注有关人的精神病的医治。这是因为各民族对精神异常所持的标准不尽相同，各种精神病在文化背景不同的民族中的发病率和表

---

① ［英］凯·米尔顿：《多种生态学：人类学，文化与环境》//中国社会科学杂志社：《人类学的趋势》，社会科学文献出版社，2000年，第307页。

② Leslie E.Sponsel, "Ecological anthropology", in Thomas Barfield( ed. ), *The Dictionary of Anthropology*, Oxford: Blackwell Publishers Ltd., 1977, pp.137–140.

现形式也各异。精神病是一种病态心理。它的发病与病人所受的传统教育、所处的文化环境息息相关。因而该病的诊断和治疗不仅需要医学的和心理学的知识，还需要人类学的知识。20世纪50年代之后，人类学家除了上述内容外，还将其研究范围扩展到民族的医学体系、营养与文化、医疗保健服务、酗酒和吸毒等方面。从20世纪70年代起，医学人类学开始向正规化和系统化方面发展，这一发展在北美尤为显著。医学人类学社（The Society of Medical Anthropology）在1970年成立。医学人类学大体定位为研究“人类行为的生物和文化方面，特别是这两者在人类历史上如何相互作用而影响人类健康与疾病”的一门学科。

### （二）医学人类学研究的重点及应用

对非西方医学和西医文化的研究是医学人类学的核心部分。对非西方医学的研究侧重疾病原因、医学的社会和政治效应，以及医者和病人的社会文化位置等课题。对西医文化的研究强调西医也是一种文化，是社会对健康和疾病的文化构造，因此也应作为文化系统来研究。

1. 医学生态学

医学生态学使用生态学的观点，视人类群体为生物的和文化的单元，研究生态系统、健康和人类进化之间相互关系。它有两个理论前提：其一，健康是人类适应环境成功的表现，生病则表明没有完全适应环境；其二，疾病与人类的体质和文化一样也是进化的，它们的进化是同步的。医学生态学的关键概念是“适应”，即人类群体为增加生存与繁育成功的机会而进行的变化和调整。该领域与医学人类学的其他领域不同的地方在于它假定生化医学的疾病分类具有普遍性的意义，可以对各种疾病进行跨时间和跨地域的比较。医学生态学研究的主要对象是生活于恶劣环境中与外界隔绝的群体，如北极地区与热带森林中的族群。它研究的内容主要有生计方式与营养，慢性病与传染病，群体规模、人口密度与迁移性，长期的人口变迁等。20世纪80年代后，出现了农业群体的季节性行为与疾病、迁移与健康状况的变化以及都市健康人类学等新的研究热点。

2. 民族医学

民族医学一般指对各种非西方医学理论、信仰、治疗方法和保健习俗进行的研究，其重点在于治疗的系统和对疾病的认知方面。广义的民族医学还指与西方的生化医学不同的各种非西方医学体系。正因为如此，曾有人主张用“民族医学”取代具有西方色彩的“医学人类学”一词。民族医学体系有拟人论和自然论两种，在一个社会中可能会同时包含这两者，甚至会有西方生化医学。民族医学的关键概念是由克莱曼引入的“解释模式”。解释模式是关于病因、诊断准则和治疗的观念。在临床中，治疗者、病人及其家人所持的解释模式往往不同。他们都根据自己的解释模式来理解疾病并采取对付疾病的措施。对疾病和病患的区分是民族医学研究理论中的重要内容。疾病是指器官的病理状况（医学上的疾病定义），而不考虑其文化与心理的定义如何；病患是指在特定文化和社会条件下并由此定义的不适的感知和体验。其中有些是生化医学定义的疾病，有些则不能用生化医学体系来认识和表释病理状况，也就是说有些病患的原因在社会和精神领域，因此对其治疗也要多方考虑。文化精神病学与民族医学有极为密切的联系。许多民间的病患，比如北极歇斯底里症，或乱砍乱杀症，明显是起源于精神病素的，不易与西方的病症分类相符合。民族医学的主要研究方法是民族志的方法，即研究者通常做参与观察。自从19世纪80年代中期以来，随着对非西方族群药物知识研究的发展，民族医学逐渐走上了与民族生态学整合的道路。此外，将民族医学的治疗方法应用于临床的研究也是新近的热点之一。

3. 医学人类学的应用研究

医学人类学的应用可大致分为六类：第一类，探讨文化在西医中的位置和功能。与非西方医学相同，文化在西医中也占有地位，明确文化的地位有助于提高西医对疾病的治疗效率。第二类是研究考查病患的意义。第三类是研究试图理解患者寻求健康的行为。第四类是对医者的调查。第五类是关注医学的社会性。第六类是预防和控制全球性疾病方面的应用。

医学人类学关注的是介入参与、引导和政策问题，研究影响获取卫生保健机会的社会经济力量及在保健过程中的权力差异。医学人类学家可能会参与例如多元文化群体的临床服务、母亲和孩子的健康计划、社区对环境危机反应的调查、精神病医院计划的设计和评估、艾滋病预防等项目。这种应用研究的对象常常是处在主流社会的边缘群体，如难民、瘾君子、残疾人、少数民族等。应用的医学人类学家与做基础研究的学者的区别，在于前者有意地成为社区的倡导者，试图做有现实用处和道德意义的同时缺乏理论性的尝试，但一些研究的确使用了明显的理论构架。其中一个著名的理论构架是健康政治经济学，也叫批评医学人类学。该理论受西方马克思主义理论的影响，用于分析全球经济系统特别是资本主义对地方和国家的健康冲击。政治经济学者们认为发展中国家的健康问题不仅是特定的文化模式在生态或社会经济问题中的反映，也是与资产阶级的政治联系在一起的。临床医学人类学批评是另一常用理论，附属于政治经济学。这一方法分析生化医学行为，以及医治者和病人在权力和权威性知识方面的差别。应用医学人类学的研究方法是折中主义的，既有定性的，也有定量的方法。文化人类学出身的学者会使用民族志的方法，以在短期的田野访问中迅速地评估社区卫生的需要。受过医学训练的学者可能会应用临床的、实验的方法，或者使用人口统计。现在有许多医学人类学家没有在学术部门工作。他们在工作时要把标准的人类学技能和专门的设计、评估技巧结合起来。

近二十年来，医学人类学又有很大的发展，其研究已不仅是医务人员及其工作的范围，而是讨论一切与健康有关的问题。它的实用性也越来越强，学者们与医务人员和行政官员都能进行有益的合作。一个明显的事实是：全球性的消灭疾病和增进健康的努力为医学人类学的应用和理论的持续发展，为医学人类学家解决人类的基本问题提供了巨大的机遇。

### （三）医学人类学的理论与方法

医学人类学深受现代理论和依附理论的影响。马克思主义、政治经济学、文化与人格、文化生态、生物—文化观、象征和解释等理论则构成现代医学人类学的理论核心。人类学对非西方医学的历史研究以及民族学田野工作方法的发展进一步强化了该学科领域。

1. 生物理论学派

生物理论学派的主要理论是环境/进化理论。

环境/进化理论的主要观点是，人类群体生存的环境与这个群体的医疗体系、群体成员的健康状态是相互影响的。

环境/进化理论从生物学的角度探讨人类的生存环境对人类的生物学性状和健康的影响，用群体遗传学的方法揭示人类在自然选择压力下的进化规律。然而，这种理论只注重自然环境对人类健康的影响，忽略了社会文化环境对人类健康的影响。这种理论注重的是自然生态学。

2. 文化理论学派

文化理论学派的主要理论包括文化体系理论、经验主义理论、认知理论、文化解释理论等。

文化体系理论包括四种观点：第一，里弗斯（Rivers）关于土著医学是文化的组成部分的观点；第二，克莱门茨（Clements）关于原始医学是分离的文化特征的观点；第三，阿克内克特（Ackerknecht）关于原始医学是在社会结构中由文化确定的，在功能上相互联系的文化要素的观点；第四，保罗（Paul）认为医疗模式是整个文化体系中的一个亚体系，而医疗模式是由许多要素构成的，跟保健有关的新要素与整个文化体系以及医疗模式会相互影响。

文化体系理论是在医学人类学形成初期出现的。这种理论主要探讨原始医学与文化之间的关系。里弗斯、阿克内克特和保罗都认为，原始医学是文化的组成部分，而克莱门茨却认为，原始医学跟文化的其他要素是分离的、无关的。

经验主义理论的观点认为，传统医学是一种信仰体系，医疗体系是一种社会文化适应策略。经验主义理论强调将医学人类学田野调查所观察到的常识进行理论化或者概括。

经验主义理论强调对田野调查所得来的常识进行理论化或者概括，符合实事求是的科学精神。然而，这种理论缺乏宏观的视野，可能会导致“只见树木，不见森林”的结果。

认知理论强调从认知的角度去研究文化模式的性质，去探讨所研究文化的疾病分类体系、不舒服和医治的民族理论、不舒服叙述的结构等。

认知理论强调从认知的角度去探讨不同民族的医疗体系、保健信念、疾病分类系统等，从心理学层次去了解不同民族跟医学、保健、治疗有关的世界观。然而，这种理论忽略了影响不同民族世界观形成的自然环境和社会文化环境。

文化解释理论，又称为意义中心理论。这种理论强调优先探讨与医学和健康有关现象的意义，而不是其科学解释。持这种理论的医学人类学家探讨在不同文化中健康和不舒服的隐喻以及人体的象征应用。这种理论认为，疾病不是一种实体，而是一种由文化建构的解释模型。

文化解释理论强调，疾病不是一种实体，而是一种文化建构的解释模型。这种理论可以解释为什么同一个病人在巫医、传统医学治疗者和生物医学医师那里得到不同的诊断结果。然而，这种理论忽视了不同医学体系在进行诊断时所具有的原则性和客观性。

3. 生物文化理论学派

生物文化理论学派的主要观点是生态学理论，包括文化生态学理论和政治生态学理论。

生态学理论包括微观的文化生态学理论和宏观的政治生态学理论。文化生态学探讨在特定环境中人类个体或者群体与其他物种（包括植物、动物和病原体等）的相互关系，考察个体的行为及其与疾病发病率之间的联系。政治生态学探讨不同的人类群体（包括民族、阶层、国家）之间在历史上的相互关系。这种相互关系通过人口的迁徙、土地的使用，或者获得资源的差异作用于生态学。政治生态学注重研究由政治制度导致的社会分层，以及这种社会分层与疾病分布之间的关系。

文化生态学理论探讨在特定环境中人类个体或者群体与其他物种（包括植物、动物和病原体等）之间的相互关系，以及这种关系对人类健康的影响；而政治生态学理论则探讨不同的人类群体（包括民族、阶层、国家）之间在历史上的相互关系，以及这种关系对健康的影响。这两种理论符合整体观的原则，却忽略了世界观、价值观、情绪、心理等要素对健康的影响。

4. 批判理论学派

批判理论学派的主要理论是政治经济学理论和哲学批判理论。

批判理论学派的观点包括政治经济学观点和哲学批判观点。医学人类学的政治经济学观点认为，要从殖民主义和资本主义在全球扩张，以及全球范围政治经济的不平等的宏观角度去探讨疾病在不同国家和地区的分布。医学人类学的哲学批判观点受后现代哲学的影响，对隐藏在生物医学理论和实践中的假定和概念提出批判性的质疑和分析或解构。这种理论认为，西方医学是建立在心理与身体分开，精神与物质分开，真实的与非真实的分开的观点之上的文化建构产物。这种理论提出一种新的观点：患病不是一个分离的事件，而是涉及自然、社会和文化之间复杂的相互关系的产物。

批判理论从政治经济学的角度指出疾病是政治经济不平等的产物，从医学哲学的角度对构成生物医学基础的笛卡尔二元论哲学提出挑战。这种理论为医学的发展和改革提供了新的视角。

### （四）医学人类学应用的代表人物及其著作

1. 探讨文化在西医中的位置和功能

与非西方医学相同，文化在西医中也占有地位，明确文化的地位有助于提高西医对疾病的治疗效率。重要的论著有汉恩（R. Hahn）和根思（A. Gains）的《西医医生：人类学理论与实践的探讨》、若兹（L. A. Rhodes）的《对西医作为文化系统的研究》、汉恩的《疾病与治疗：人类学观点》，以及克莱曼（A. Kleinman）的《写于空白：人类学与医学的论辩》。

2. 研究考查病患的意义

知名的田野报告有鲁贝（A. Rubel）的《苏司陀：一种民间疾病》、巴塔恰亚（D. Bhattacharyya）的《帕喀拉米：孟加拉民间精神病知识》、弗兰克（S. Frankel）的《祜里人对疾病的反应》、格柔（L. Garro）的《解释高血压：疾病知识的变更》和罗克（M. Lock）的《与老年相遇：经绝在日本和北美的神话》等。

3. 研究试图理解患者寻求健康的行为

重要的田野报告有斯代罗（K. Staiano）的《伯利兹的多元治疗系统》、格德（C. Good）的《非洲民间医疗系统：肯尼亚农村及城镇的传统医学模式》，以及佛莱（C. Fry）的《度量：老化，文化与健康》等。

4. 研究医生是医学知识的化身，对医者的调查研究

颇具参考价值的专著有瓦杰思（S. Rogers）的《巫医：象征物和治疗功效》、卡哈（S. Kahar）的《巫医，隐秘，医生》、费克勒（K. Finkler）的《墨西哥神医：多元疗法的成败》、捷然蒙（D. Joralemon）的《秘鲁仪式治疗中的祭坛象征》，以及格络（L. Golomb）的《泰国巫医间的竞争和异化》。

5. 关注医学应用的社会性

较有深度的专著包括谢佩（N. Scheper Hughes）的《无泪之亡：巴西日常生活中的暴力》、贝尔（H. Baer）的《医学人类学和世界体制：批评论》，以及罗克（M. Lock ）和考菲（P. Kaufert）的《忙碌的妇女和肉体的政治》。

6. 医学人类学在预防和控制全球性疾病方面的应用

艾滋病（Acquired Immune Deficiency Syndrome）是目前世界上最危险的传染病之一。全球有3.8亿人罹患艾滋病。医学人类学在艾滋病方面较为突出的研究有法莫（P. Farmer）的《艾滋与责难：海地及地缘归责》、米勒（N. Miller）和

诺可维（R. Rockwel）的《非洲的艾滋病：社会和政策的影响》，以及伯顿（R. Bolton）和森格（M. Singer）的《艾滋病预防的再思考：文化的方式》等。

## 五、都市人类学

都市人类学是探讨都市的起源和发展、都市的文化系统及其内外关联以及都市化过程中产生的诸问题的。

### （一）都市人类学的产生、确立及其原因

在都市人类学产生之前，人类学家已对都市的研究有所涉及。比如20世纪30—40年代美国的林德夫妇（Robert and Helen Lynd）、华纳（W. LIoyd Warner）等运用民族志调查方法，把都市社会的正式和非正式结构、经济状况、社会角色，以及人们的身份地位、权力、价值观等结合在一起做整体研究。

第二次世界大战后，西欧各国的殖民地纷纷独立，建立了新的国家，工业化、都市化、劳动力转移成为潮流。以此为背景，形成了人类学的新分支都市人类学。进入50年代，许多人类学者相继发表了有关世界各地的都市，特别是发展中国家的都市以及都市化问题的研究成果；60年代，开始使用“都市人类学”概念；到70年代，建立在个别研究基础上的以“都市人类学”为名的论文集、概论书、刊物等纷纷面世，确定了都市人类学作为人类学分支的地位。

总之，第二次世界大战以后，人类学研究取向发生了很大变化。一方面是文化人类学的传统研究对象日益减少，另一方面是城市中的种族、民族矛盾与第三世界迅速都市化所带来的一系列问题日益引起人们的关注，于是部分人类学家开始把目光转向都市，促使了都市人类学的确立。

### （二）都市人类学研究的内容

近来的教科书和读本都收有关于都市人类学的条目和论文，研究的视角也扩展到都市社区与部落社会类似点的分析，把伴随董事会的各种现象与部落社会、民俗社会的解体现象结合起来阐释。最近，都市变化与都市文化也成为都市人类学的研究对象。

1. 都市性研究

都市性（urbanism）是都市人类学中的一个重要概念，指的是一个城市在社会结构、社会生活等方面的总体特点。这种特点既是针对乡村而言的，也是针对不同类型和亚类型的城市而言的。因此，都市性研究是与城市类型分析分不开的。在城市分类上，不同的学者有不同的分法。韦伯将城市分为消费城市和生产城市。在很长一段时间内，我们所用的正是这样一种分法。雷德菲尔德和辛格则是把城市分为工业革命前的城市或西方扩张所及之前的城市和工业革命后的城市或西方扩张所及之后的城市。前一种又分为行政文化城市和地方商业城市两种亚类型，后一种又分为现代工商业城市和现代行政性城市。不过，在有关城市的各种分类法中，应用最广的还是舍贝里（Gideon Sjoberg）的分类法。他把城市分为前工业（pre-industrial）城市和工业城市两种。其基本观点：生产方式的性质对人类社会关系具有很深的影响。

中国的悠久历史和巨大的社会变革为我们进行都市性研究提供了极其丰富的材料。我们可以将中国历史上的政治文化城市（如北京）和地方性商业城市（如广州）进行比较研究，也可以将近代的北京、上海两市进行比较研究，还可以将中国国内的城市和国外的城市进行比较，以此补充和修正国外的理论。在中国近几十年的工业化和都市化过程中，旧的城市被加以改造，同时又有各种类型的新城镇建立起来。这种在特定历史时期以行政手段形成的都市性也值得我们总结和研究。至于研究中国自改革开放以来各城市在都市类型及文化上的变化，探讨现代科学技术和现代意识同历史传统在城市发展上的关系，不仅有理论意义，还有实践意义。

2. 城乡一体化发展研究

这方面的研究实际上也就是都市化研究。正如美国都市人类学家顾定国（Gregory E. Guldin）所说的："城市化并非简单地指越来越多的人居住在城市和城镇，而应该是指社会中城市与非城市地区的来往和相互联系日益增多这种进程。"[①]因此，当我们研究都市化问题时，不仅应当顾及人口向城市的移动，还应顾及城乡之间的关系。

---

① ［美］顾定国：《乡村的城市化：香港、广州与珠江三角洲》，李长虹译，李永宁校，《广州研究》1988年第12期。

国外学者研究都市化进程时，比较关注的问题主要包括移民来到城市后所面临的问题以及在文化和心理上所做的调适。由于国情不同，我们在城市社会结构以及在人口向城市的移动方式上与国外均有不同。我们在城市人口的移入方面是有控制的。同时，当人们得到批准来到城市后，又有其所在的单位负责照料他们的生活，因此我们不存在严重的城市适应问题。另外，中国的社会结构长期以来是一种二元化的城乡分隔的结构。这种结构严重制约了中国工农业的发展。因此，我们研究都市化问题，应当主要研究城乡一体化发展的问题。

费孝通先生在城乡一体化发展研究上做了许多工作。他首先把注意力放在小城镇的研究上。他曾说过："由于我是从农村出发去研究集镇的，因而我的着眼点一开始并没有限于集镇本身，而首先把它看作城乡的结合部。从这个角度我提出'类别、层次、兴衰、分布、发展'的十字研究课目。"[①]费先生将城乡发展结合起来的研究思路，应当成为中国都市人类学的一个宝贵传统。

此外，还有不少学者对边区工业城市和三线企业社区进行了研究，既考察了其内部的社会结构，又考察了这些城市和企业与周边农村的关系。很多研究表明，不少边区工业城市和三线企业社区都是一个小而全、大而全的封闭体系，人文生态失调，缺少活力和向周边地区扩散的能力。而一些地方企业则同本地发展有较多的血肉联系。都市人类学应当在这方面进行深入、系统的研究，针对不同地区的不同情况，提出城乡一体化发展的各种建议。

我们在前面说过，都市化还包括城乡之间的联系。而中国都市化的一个特点就在于乡村的工业化和都市化。很多中外学者敏感地把握住了中国现代化发展中的这个特点，做了不少研究，从产业结构、社会分工、生活方式和价值观念等方面分析了乡村的都市化变迁。然而，都市化也会在城市中，特别是大城市中带来各种各样的问题。有的问题，例如大量农村人口在市场经济的条件下盲目流入城市的问题，虽然出在城市，却源于农村。因此，这些问题在很大程度上也是城乡发展中的综合问题，必须进行综合性研究，以促进都市化的健康发展。

3. 各民族一体化发展研究

中国是一个统一的多民族国家。中国的都市人类学从一开始就继承了民族学研究的传统，并得到国家民委的高度重视和大力支持。因此，各民族一体化发展

① 费孝通:《费孝通学术论著自选集》，北京师范大学出版社，1992年，第647页。

研究也是中国都市人类学研究的一个重要方面。这方面的研究可以包括民族经济和民族地区经济发展研究、民族人口研究、城市民族关系研究、城市民族意识和城市民族社区研究等。

民族经济和民族地区经济的研究，应以民族地区乡镇企业的发展为重点。加快民族经济和民族地区经济的发展，对于增强各民族的团结和中华民族的凝聚力，巩固祖国的统一，增进与毗邻国家的关系都有着重要意义。乡镇企业的发展，会发挥民族地区的优势，开拓和培育国内市场，增强社会购买力，发展小集镇建设，尽快使少数民族富裕起来，促进全国经济的发展。有关民族人口研究涉及少数民族人口的迁徙、生育以及年龄、职业、文化水平的构成等。随着市场经济的发展，少数民族向沿海发达城市迁徙，在一些大城市已逐渐形成了社区，这也是值得研究的问题。总之，近年来中国都市人类学已在各民族一体化发展上做了一些研究，形成了中国都市人类学研究的一个优势，但仍有待进一步加强。

（4）城市社会研究

城市社会研究包括对于城市社会组织、社会群体、社会网络和各种社团的研究。到目前为止，中国都市人类学在这方面的研究刚刚开始，还较为薄弱，今后应与中国社会学研究加强合作，把这一研究逐步开展起来。

### （三）都市人类学研究的方法

由于都市人类学的研究的内容及一些研究方法类似社会学。在早期，人类学对都市的研究被视为对传统人类学的背离，因而延缓了对都市人类学的确认。现在的都市人类学研究的内容可分为两大类：一类是对都市本身的宏观研究，如都市的起源、发展、形态结构空间秩序等；另一类是对都市内部人文现象的微观分析，如移民适应问题、贫穷文化、城市中的亲属与邻里关系、民族和种族矛盾、城市犯罪问题（黑社会帮派）等。

虽然社会学、经济学、地理学、环境学等众多学科都在研究城市，但人类学依然保持着自己的特色。都市人类学家并不将都市视为主题，而是背景。他们把主题放在研究一个邻里、一项住宅计划、一条街道，如同以前人类学家研究一个村落或一个民族，将其视为一个缩影、一个具体而微型的社会一样。

在国外，人类学研究有两个特有的、有别于其他社会科学的基本的方法，一个是整体探讨法，一个是参与观察法。其中，整体探讨法可对我们有一定的借鉴作用。

人类学认为，每一种社会文化都是一个整体，其中的各个部分是相互联系、相互依存、相互适应、相互制约的。一旦某一方面的发展，特别是经济的发展，超出其他方面的制约，则其他方面也会随之发生一系列的变化。在这种情况下，旧的整体性将被打破，代之以新的整体性，形成一个新的相互联系、相互依存、相互适应、相互制约的整体。应当说，这种认识是与历史唯物主义和辩证唯物主义合拍的。有些美国人类学家在谈到马克思主义对西方人类学的影响时，首先谈到的不是西方人类学中某些以马克思主义为标榜的流派，而是对于经济在社会文化中的基础地位的共识。以马克思主义为指导的中国都市人类学，应当更自觉地把握经济对社会各方面的影响，把握世间万物相互联系、不断变化的辩证关系，把握社会文化的整体性和整体性变迁机制。

这里需要说明的是，整体探讨法并不等同于对社会政治、经济、思想等方面的综合性研究。实际上，这种综合性研究如果忽略了各部分的联系，如果不能建立起各部分之间的整体性关系，也很难被认为是一种整体性的研究。相反，如果一项很具体的个案研究能够被发掘得很深，找出与其相关的各种社会因素，那么，这也是一种整体性的研究。整体探讨法是人类学在方法上区别于其他学科的一个重要方面。例如，对于离婚这个问题，社会学、法学、人类学都可以进行研究，而人类学所关注的不仅仅在于离婚现象本身，还在于离婚与社会文化其他方面，特别是经济的关系。

人类学研究的另一个基本方法是参与观察法。这种方法类似我们经常说的深入调查研究的方法。人类学认为，一方面，仅仅在一旁观察是不够的，只有参与进去，深入其中，才能对某一社会文化现象有真正的了解。而另一方面，仅仅参与其中也是不够的，只有通过客观的观察，才能把握某一现象的含义。都市社会不同于部落社会和农民社会。它是一个分工很细、人口异质性很强的复杂社会。我们不可能抽象地深入到整个城市之中，而只能有所选择地深入到城市的某一部分。在这方面，都市人类学主要是通过情景分析、社区分析、网络分析等具体方法来实现参与观察的。

情景分析的方法其实不是为都市人类学所独有的。人类学家在研究部落社会和农民社会时，就已开始采用情景分析的方法。在都市人类学研究中，这种方法仍旧有效，并被广泛采用。所谓情景分析，就是以某种社会交往的场合为起点，分析人们在这一场合中的社会角色，并进一步探讨这些人在这一场合之外使他们走到一起来的更广泛的社会关系。在都市人类学中，情景分析方法主要以城市中的民族节庆、民族礼仪活动及其他社交活动为线索，进行深入的社会研究。这些活动大多都很明显，易于入手，但要真正做到由点到面，由表及里，就要进行深入的调查研究了。

社区分析是国外都市人类学最早采用的一种具体的研究方法。实际上，社区研究也是传统人类学与都市人类学的一个交汇点。当研究农民社会的人类学家发现越来越多的农民开始移向城市并在城市建立起自己的社区时，他们的注意力也随之转向城市中的社区。在中国城市中，社区既可以指民族社区、同乡社区，也可以指单位社区（如企业社区）和邻里社区。社区是城市中的基本单位，规模较小，社会关系也较具体，因此易于把握。通过社区分析的方法，我们便可以把复杂的城市社会化整为零，进行具体的研究。

国外都市人类学所采用的另一种具体研究方法是网络分析。所谓网络，有时也称为社会网络，指的是城市中某一社会群体（诸如民族、社团、亲属等）中人与人之间的互动类型。国外也有一些学者把“社会网络”界定为“人与人之间所存在的一系列相关的联系，这种联系在特定的情况下，出于特定的目的，可以构成将人们动员起来的基础”。[①]我们知道，城市中有各种复杂的网络系统，如公路网、交通网、电力网、通讯网以及埋藏于地下的各种管线。这些都是可以看到的。除此之外，还有我们看不见的网络，这就是人们的社会关系。而社会网络分析正是要研究茫茫人海中人与人之间的联系。

通过人类学研究的基本方法——整体探讨法和参与观察法，并辅以情景分析、社区和网络分析这样一些具体的方法，都市人类学便可以对城市社会进行有效、深入的研究。这种研究的深度是问卷调查和抽样调查很难达到的。而通过参与观察法所得到的人类学资料，不能确保对于整体有绝对的代表性。为此，我们应当从社会学中借鉴问卷调查、抽样调查等定量分析的方法。此外，我们还应当从历史学中借鉴文献研究的方法。实际上，在其他一些与城市研究相关的学科中，也都有值得都市人类学借鉴的方法。我们的都市人类学应当在多学科的交流

---

① Charlotte Seymour Smith, *Macmillan Dictionary of Anthropology*, London and Basingstoke: The Macmillan Press LTD, 1986, p.208.

与合作中吸收其他学科的营养，藉以发展自己，同时也在多学科的交流与合作中找到自己的特点，发挥自己的特长，做出自己的贡献。

### （四）都市人类学的代表人物及其作品

1972年，美国出版《都市人类学》期刊，并创建了世界性学术研究组织。现在英美各大学的人类学系大多设有都市人类学课程。

雷德非尔德（R. Redfield）研究乡村社会的一些概念和构架，对都市人类学有很大的意义。他把农村社区视为大的社会政治和经济市场体系中的一份子，把乡村村落视为小传统，而把非村落形式的社区（城、镇）视为大传统，大传统统治并影响着小传统①。显然，他把都市视为文明持续和文化发展的主要力量，促进了人们对城市研究的关注。

林德夫妇在30年代对美国中部城市的研究成果反映在他们合著的《中镇》（Middle Town）一书中。他们广泛地运用民族志调查方法（长期居住、参与观察、访问交谈等），把都市社会的正式和非正式结构、经济状况、社会角色，人们的身份地位、权力、价值观念等融合在一起做整体研究。

华纳将人类学研究转向美国城镇，出版了多卷的《杨基城》系列丛书。他采取的方法是召募助手对选定的社区展开民族志式的研究，并辅以统计资料和问卷资料。他强调由于工具的限制，这种方法仅适于较小社区（少于2万人）②。因此他的研究对象并非大都市，而是类似中国的“小城镇”。

维迪奇（A. Vidich）和社会学家贝塞马（J. Bensman）合作对纽约州的城市社区进行研究，出版了《大众社会中的小镇》(small town in mass society)。他们在研究中特别强调了人类学的方法和理论，把小镇视为一个大系统中的一分子，强调社区与州、国家的关联。怀特（W. F. Whyte）受华纳的的影响极大。他出版的《街角社会》(street corner society)，就是把华纳的一套方法照搬到大都市中心理论研究中③。

甘斯（H. Gans）运用怀特的资料和方法对同一社区做了再研究，集中研究民

---

① Robert Redfield, *Peasant Society and Culture*, Chicago: University of Chicagos Press, 1956.

② W. Lloyd Warner, *Yankee City*, New Haven: Yale University Press, 1963.

③ Edwin Eames & Judith Granich Goode. *Anthropology of The City An Introduction to Urban Anthropology.* Prentice-Hall. Inc.1977.

族群体（ethnicity）中保存的都市社会组织及其联系的模式。甘斯成为都市社会学中“人口组成学派”的代表人物[①]。可见，人类学对都市社会学有一定贡献。

英国的一些人类学家在50—60年代也开始了对非洲都市的研究。他们的研究主要从三个方面展开：①分析社会结构关系——从社团、俱乐部、丧葬互助会等入手；②分类研究——如对各族群、各行业进行分类并研究它们之间的关系；③分析人际关系——从人际网络关系着手探讨朋友、邻居、亲属关系以及城镇间的相互关系。60年代后期，这种研究扩展到都市与乡村的关系、都市与国家的关系、都市制度与国家政治制度的关系等方面[②]。

## 六、女性人类学

女性人类学是女性学与人类学结合而形成的一门学科。它既是女性学为了完善自己的学科体系，借用人类学的理论和方法来发展女性学的研究，又是在女性主义影响下人类学自身的反思，同时也是人类学对以往民族志中忽视女性现象和用男权思想误读女性现象的一种反省。

### （一）女性人类学的产生与发展

女性人类学是随着女权主义运动及女性学研究的发展而产生的。“女性主义”发端于欧美的现代妇女运动，也译作“女权主义”。它首先起因于改变妇女现存生活状况的愿望和要求。最初只是反映欧美发达国家白人中产阶级妇女反对性别歧视、争取男女平等的思潮，后来渐渐发展为包括黑人妇女和第三世界妇女在内的世界性的、与父权文化相对立的一种文化。它提倡用一种特殊的女性视角对待日常生活中的一切现象，并进而重新审视现存知识领域内各种定论的可靠性。它不仅揭示了学术研究中对妇女问题的忽视，重新发现和评价妇女对人类文化的贡献，还力图树立女性视角的地位，最终改变男性中心文化支配一切的局面，形成一种新的可以与男性中心文化相抗衡的女性文化。

传统的人类学从一开始就对社会性别有详细的记载，只是散见于对亲属关

① 蔡勇美、郭文雄:《都市社会学》，巨流图书公司，1984年。

② 尹建中:《研究都市人类学的若干问题》，李亦园:《文化人类学选读》，食货出版社，1980年。

系、婚姻、礼仪和图腾学的研究之中及各民族的民族志中，女性作为非主流文化群体，处于被观察的地位，只是研究者用以说明其他问题的构件与材料。70年代以男女平等为宗旨的女性主义的发展引发了人类学家对以往民族志的反思，并开始了以女性作为研究主体和本体的研究。

关于女性人类学的发展分期问题，主要有两分法和三分法。所谓两分法，即主张遵循女性主义的发展历程，以20世纪80年代中期为界，分为前后两个时期；所谓三分法，就是60—70年代为第一时期，80年代初至中期为第二时期，80年代后期至90年代为第三时期。

### （二）女性人类学研究的内容

早期女性人类学主要关注有关妇女的从属地位、女性的身份及社会性别角色等方面的研究。对于这方面内容的研究，改变了传统人类学中不重视妇女或社会性别研究的状况，较深刻地批判了男性意识和偏见。

20世纪80年代中期以后，女性人类学的研究注重揭示男女社会性别差异的文化条件，并注重探讨研究决定男女关系的社会复杂因素，把以妇女为中心的研究放入更深、更广的社会文化权力关系的内涵中去研究，指出性别除了是文化的建构外，也是历史的建构。性别在社会权力关系组合和生产方式的变化中与阶级、种族和族群意识等都有着密切的关系。

### （三）女性人类学研究的主要领域

1.社会性别

（1）文化决定论

生物决定论以性别劳动分工普遍存在为依据，认为男女行为的差异是天生的，生物因素决定性别行为。女性人类学批判了生物决定论的观点，认为是社会文化形成了男女性别角色的差异。社会根据不同性别待以不同方式，并期有不同行为的结果，从而形成了性别的差异。它随着社会的演化、民族志的不同呈现变化，形成不同的性别意识形态。文化决定论构成了人类学女性研究最基本的理论。

（2）亲属制度与婚姻家庭

亲属制度是女性人类学的传统课题。女性人类学在这一领域的贡献是将性别视角引入亲属制度研究，关注亲属制度是如何通过性别被结构和被体验的。首先，女性人类学家重新审视和批评了以往带有男性偏见的亲属制度，认为亲属制度实际上并不存在，而是人类学家的虚构，因为婚姻或生育而导致的亲属关系只是为了利用亲属称谓来作为接受或排除一部分人的条件或标准，而这些条件或标准并非在任何文化和社会都是一样的。其次，认为一些经典的亲属制度研究中有关性别的假设未经检验，甚至忽视了性别差异。再次，女性人类学者特别关注亲属制度作为一种社会文化机制是如何规定妇女的角色，以及如何使得妇女系统性地处于从属地位的。最后，在性别和实践的视角下审视通过女性形成的亲属关系，加深了对亲属制度的理解。

（3）女性社会地位研究

早期的人类学家像路易斯·摩尔根等人都相信，女性曾经一度享有很高的社会地位，但是伴随着社会的发展，这种模式才发生了逆转。近期人类学家对这个问题的关注，主要放在了男女两性的社会地位如何与生物差别、劳动力分工、亲属制度、政治系统以及价值信仰相关联的。

女性作为一个社会群体，不仅具有性别定位，还应该具有多重的社会位置，但是不平等使其难以获得多种社会地位。阶级、文化教育、职业婚姻、角色年龄、族群国家等都对女性的社会地位产生影响，但影响不是绝对的。怀特曾经做过93个国家的跨文化比较，发现没有一套通用的标准可以衡定女性的地位。一般讨论女性地位主要在经济和意识形态方面。另外，学者们研究发现，女性整体自我意识的更新对妇女的地位至关重要。

经济因素对女性的社会地位影响比较大。在跨文化研究中，人类学家发现，在男女享有共同的经济地位，或者女性占据经济主导地位的社会中，女性一般享有较高的社会地位。同时，女性的社会地位与婚姻制度、亲属制度的关系也是相辅相成的。两性共同占有经济地位的社会中，往往是双边的亲属关系，即女方的亲属关系也拥有比较大的影响力，男女两性共同承担生产、分配以及抚养子女的责任，这将在一定程度上减少性别分层。

（4）语言行为与社会性别

女性人类学在语言与社会性别方面的研究体现在以下三个方面：第一，语言行为（包括说话和沉默）、社会性别，以及运用权力之间的关系；第二，在日常语言行为中，语言与社会交往的关系，即什么人说什么话，在什么情况下说某种特定的话；第三，语言怎样反映了社会性别，特别是女性的意识，女性语言行为在社会政治中的作用是什么。将作为社会关系的“性别”观念引入有关“权力”与语言行为的关系的概念之中。

（5）社会性别与劳动力分工

关于劳动力分工，女性人类学家首先对“妇女是生育的工具”的谬论进行了批判，同时质疑了马克思关于生产与再生产的论断。恩格斯在《家庭、私有制和国家的起源》一书中提出，男女分工是自然发生的，男性主要从事与生产有关的任务，而女性主要从事与家庭有关的劳动。女性人类学家认为这一观点太绝对化了，女性在人口再生产过程中的作用不仅是生育，并非所有的女性都承担生育的角色。人的再生产不仅是女性自己的问题，而且关系到整个社会的人口素质，突破了传统女性研究与两性关系的局限。

20世纪70年代，广为应用的两性不平等分析模式提出了自然/文化、家内/公共二元说，认为女性多与自然过程相联系，男性从事的生产、技术与理念发明高于自然文化创造，因而其价值和地位被认为优于女性。这种观点在80年代初受到跨文化论点的质疑。麦克玛和斯特拉杉在《自然、文化与社会性别》一书中指出，两性角色的自然/文化观是西方式的，在许多非西方社会二者没有明显的优劣之分或一致联系。

2. 对人类起源与进化的研究

女性人类学对传统体质人类学的质疑。首先，对人的观念提出质疑，指出有史以来的人（man）与人类（human）均可以用“男人（man）”一词来等同使用，人类起源被陈述为男人的起源。其次，用男人代表人类进化过程，因而女性的作用、权威被淹没，导致男性成为社会的主导者，女性处于被动接受的地位。再次，女性人类学向社会生物学挑战，强调雌性动物的积极地位，认为雌性类人猿在社会互动中起着不比雄性小的作用。最后，考古学关于史前妇女的研究影响了女性人类学的研究，开始关注史前人类性别的文化关系是如何产生的，以及各种历史形态下性别角色关系是如何被定义、协调和操作的。

3. 女性主义民族志研究——方法论的发展

自20世纪60年代起，女性人类学者就开始关注民族志的调查过程，注意民族志的写作者与被观察对象的关系，但这一时期的研究多只注重对男性人类学者的作品的分析、质疑和评判。

80年代中期以来，人类学受到后现代的影响，开始对田野研究的过程进行反思，对民族志的写作进行反思。争论的焦点就是主体性的问题。詹姆斯·克利佛德（Jame Clifford）和乔治·马库斯（George Marcus）在《写文化：民族志的诗意与政治》一书中认为，人类学家在书写文化时应放弃简单的客观的观念，应该了解民族志的不完整性、不全部性，只有这样，作为作者的人类学家才有可能把自己写在其中。他把女性人类学排除在外，因为他认为女性主义者总是计较是否把女性的经历放在作品中，这样就导致女性主义的作品只注重形式而不是内容。这样的做法受到许多女性人类学家的批评。她们认为，反思性民族志只有与女性主义结合才有可能更敏锐地意识到人类学在定义、研究和再表现其他文化中所存在的不平等。反思性民族志应该以女性主义为鉴，反思自身中存在的男性偏见，把自我放入民族志中加以暴露。

受这场争论的影响，女性人类学家不断修正女性主义民族志的方法，但是就能否建立一种女性主义民族志的问题依旧存在争论。女性人类学者主张用生活史、口述史和自传体的写法来写女性主义民族志。鉴于这些写法自身存在的怀旧性、局限性和不具有代表性的特点，女性主义民族志写作的探讨仍然在继续。

### （四）女性人类学研究的理论与方法

1. 女性人类学研究的理论

迄今为止，对女性人类学产生较大影响的理论有四种。第一种理论是实践理论（practice theory）。实践理论源于马克思认为一切社会行为皆是实践的观点。女性人类学的实践理论关注的是人们的行为，人们在实践中的真人真事，而不是人们具备什么特质。实践理论分析平等与限制的问题，反对迪尔凯姆（Durkheim）认为妇女在象征和符号体系中没有占据一定的位置的观点和神圣与世俗的二元对立结构。实践理论质疑的是，尽管社会制度和秩序中存在许多动荡的不平衡因素和矛盾因素，但它却仍然能够继续延续。实践理论反对二元对立结构，用动态的概念如抗争、抵制来取代迪尔凯姆的静止概念。女性人类学家们把社会性别的社会构建和象征意义作为全面分析的主题，认为社会性别建构了日常生活中的社会关系和社会结构，反对把妇女不同于男性的角色、身份或地位看成是生物差异造成的，强调文化在造成并维护男女两性之间的社会差异上的重要性。同时，女性人类学也注意到这种差异实际上是一个相对的概念，在不同的文化中和不同的历史时期，差异的含义是不一样的，提出理解妇女的生活不能脱离文化的多样性，在不同文化背景下妇女的从属地位也不尽相同。

女性人类学的第二种理论出现在20世纪80年代后期，即位置理论（positionality theory）。位置理论是对文化女性主义和结构主义的回应。文化女性主义的主要代表人物有玛丽·戴利（Mary Daly）和艾德里安娜·里奇（Adrienne Rich）。文化女性主义强调女性的特性（如重视与他人的关系），认为女性不应该与男性争高低，而应该把女性的品行（如抚育子女、相夫教子）发扬光大。法国后结构主义者反对文化女性主义的这些观点，认为文化女性主义忽略了女性本质建构过程中的压迫因素，但位置理论认为否认女性自身的价值无异于漠视社会性别。因此，这一理论研究的重点主要放在母亲角色、亲属制度和婚姻上。

女性人类学的第三种理论是表演理论（performance theory）。其代表人物巴特勒（Judith Butler）认为，人们的性行为、性倾向、男性气质和女性气质并不是由某种固定的身份决定的，而是表演的结果，异性恋的性统治是生物性别的强迫性表现，一旦有人偏离社会性别规范，就会遭到社会的排斥和惩罚。表演理论把社会性别看作话语的结果，把生物性别看作社会性别的结果，重视话语所产生的作用，而不注重话语的意义以及含混不清和不确定的话语。

女性人类学的第四种理论是酷儿理论（queer theory）。酷儿理论是多种跨学科理论的综合，最初由女性主义者罗丽蒂斯（Teresade Lauretis）于1991年提出，主要受福柯和后现代主义理论的影响，包括朱迪思·梅恩（Judith Mayne）、朱迪思·巴特勒（Judith Butler）和戴安娜·弗斯（Diana Fuss），以及一些法国女性主义学者如莫尼克·威蒂格（Monique Wittig）等人的影响。酷儿理论并不否认男女之间的不同，更强调人与人之间存在多种差异，试图解构“男性”和“女性”，反对传统的性别观念中这种二元对立结构，挑战“正常”的概念，挑战主流的性认识论。酷儿理论向传统的价值观念、性别规范和性规范提出挑战，试图直接揭示社会性别的历史，质疑社会化过程，力图创造新的人际关系格局。

2. 女性人类学研究的方法

女性人类学实际上是女性学对哲学人类学方法论的借用。女性人类学在女性研究中十分注意运用定性分析法，借鉴了参与观察、主位研究与客位研究相结合、个案研究等人类学的一些研究方法。此外，女性人类学还发展运用了“比较分析法”。该方法是人类学的一种传统研究方法，同时也是女性主义研究中曾经使用过的一种研究方法。

女性人类学研究的代表人物米德（Margaret Mead）在《三个原始部落的性别与气质》一书中，通过对新几内亚三个原始部落中性别角色的考察，发现这三个原始部落坐落的方圆100英里（约合161千米）以内其性别角色规范完全不同。尤其有趣的是，这三种规范又完全不同于西方文化中的性别角色规范。在第一个部落，阿拉佩什（Arapesh）山地居民中男女两性的行为模式都像西方文化中对女人的行为规范要求一样，即一种柔和的行为方式，在西方人眼中是"女性的"和"母性的"；在第二个部落，凶猛的食人肉的蒙杜古马（Mundugumor）部落中，男女都有如西方的男性行为方式，即一种残忍的攻击性的行为方式，脾气暴躁，敢作敢为，"具有男子气概"；在第三个只礼节性地猎取人头的德昌布利（Techambuli）部落中，男人的行为就像西方文化中女人的传统行为方式——负责购物，所负责任较女人小，并在感情上依附于女人，遇上特殊活动如宴会、舞会等，男人们还得在自己那精心修饰的卷发上插上天堂鸟或火鸡的羽毛，在众人面前羞涩地移动着，显得局促不安。而女人们却个个精力充沛，善于经营，而不事奢华，是不受个人情感影响的管理者。米德对原始部落的研究表明：世界上各个社会都有性别分工，这种分工的原因并非仅仅源于女性的生理功能。某种性格特质被认为是男性气质还是女性气质是因文化而各异的，因而是人为的，并不是什么与生俱来的"自然秩序"。米德的研究给予生物决定论有力的质疑，基于性别文化决定论的共识，形成了女性人类学最基本的理论。她据此提出了不同于生物性别（sex）的概念"社会性别"（gender）。社会性别是指男女两性在社会文化的建构下形成的性别特征和差异，即社会文化形成的对男女差异的理解，以及在社会文化中形成的属于男性或女性的群体特征和行为方式。社会性别是女性人类学研究的核心概念，而熟练地运用社会性别这一概念去观察我们周围早已熟悉的日常生活的各种现象则是人类学入门的标志之一。"社会性别"概念的提出，使原有的以妇女为关注点的理论，转而以社会性别为关注点，是一次女性主义理论的革命。

## 本章要点

1. 第二次世界大战以后，随着全球进入和平与发展时期，人类学学科迎来了一个新的发展时期，这就是政治人类学、都市人类学、性别人类学、教育人类学和医疗人类学等学科的逐渐涌现。

2. 随着人类学学科的新发展，许多人类学学者开始从传统的人类学研究转向新学科的阵营，从而产生出一些新的研究方法，促进了人类学学科的新发展。

## 复习思考题

1. 人类学学科发展的背景和原因主要表现在什么地方？

2. 为什么说文化决定论构成了人类学女性研究最基本的理论？

3. 都市人类学主要探讨都市的什么问题？

## 推荐阅读书目

1. 蔡勇美、郭文雄：《都市社会学》，巨流图书公司，1984年。

2. [英] 特德·C·卢埃林：《政治人类学导论》，朱伦译，中央民族大学出版社，2009年。

# 第六章 中国人类学发展简史

一般认为，中国的人类学是一个“舶来品”，是一种引自国外的学科。其实中国的人类学既有本土知识的积累，也有对西方人类学各种思想的引进，是进而逐渐本土化所形成的一门学科。

## 第一节 古代中国人类学知识的积累与先驱

古代中国以中原华夏族为核心的所谓“天下观”，建构了“中央”与“四方”的体系。在漫长的中央对周边族群的认识中，古代中国浓厚的“史述”传统无意中积累了古代中国的人类学知识，出现了一些古代中国人类学的先驱。

### 一、古代中国人类学知识的积累

正如“中央”与“四方”体系的建立，生活在中原的华夏族在记述本族文化时，也对周边“非我族类”的不同群体文化的多样性表示出浓厚的兴趣，很早就开始记录这些异文化的“他者”，形成了浩如烟海的人类学知识的文献。

1. 对周边地区和国家异文化的记载

对周边地区和国家异文化的记载是中原华夏族，即古代中华民族主体族群的人类学知识的积累。这些对异文化的文献记载，可以从正史、地方志和古代学者的著作中找到。

在商代甲骨文中，似乎已经出现了土方、羌方、鬼方、夷方等族群的身影。而成书于秦汉之际的《山海经》一书中，除了收录上古至周代的神话和历史传说外，还有对相邻民族的风俗、祭祀、饮食和服饰等情况的记载。

在中国的历代正史，特别是首创在纪传体史书中以专门篇章记录边疆民族情况体例的《史记》，开创了随后的大多数正史为边疆和四夷族群作传的传统，成为中国历代人类学资料记载中最为系统和完备的部分。

除了官方的史书，古代中国的地方志书也保存有丰富的人类学资料。如东晋永和年间常璩的《华阳国志》是现存最早的区域人类学资料记载。此外，古代学者的个人著作中也留下了大量的异文化记录。如唐代樊绰根据南诏的实地生活撰写的《蛮书》，南宋末年朱辅的《溪蛮丛笑》，明代邝露根据粤西改土归流写成的《赤雅》、萧大亨撰写的《北虏风俗》。明代以来，随着改土归流政策的推行，有关中国西南地区的民族文化著述增多。如清代田雯的两卷本《黔书》，姚莹的《康輶纪行》对康藏习俗进行了全面的介绍，李调元的《粤东笔记》则专卷介绍瑶、畲、黎等民族和疍民的情况。

记载周边各国的文化与民族习俗的主要有两种人：一是到海外求取真经的佛教僧人；二是到东南亚等地出使的官员。他们在自己的旅行记载中留下了许多可贵资料。如东晋法显的《佛国记》、唐玄奘的《大唐西域记》、唐义净的《南海寄归内法传》、元周达观的《真腊风土记》、明马欢的《瀛涯胜揽》、明费信的《星槎胜揽》和明龚珍的《西洋番国志》等。

2. 主体族群对自身文化的记载

儒家思想是起源于中国并同时影响及流传至其他周边国家的文化主流思想、哲理与宗教体系。以孔孟为核心的儒家在他们的哲学著作中不乏有关人及其特征的描述，可以称得上古代中国人类学人种知识的集大成者。而成书于先秦的《黄帝内经》在其《灵枢·经脉》中描绘了胚胎生命的发展过程："人始生，先成精，精成而脑髓生。骨为干，脉为营，筋为刚，肉为墙，皮肤坚而毛发长。"这种对生命物质属性和胚胎发育的认识是基本正确的，其实算得上古代中国体质人类学知识的张扬。

3. 少数族群对自身文化的记载

曾被主流族群视为"非我族类"的少数族群对自身文化留下了种类繁多的典籍或口传的古籍。如古代蒙古文三大历史著作——《元朝秘史》《蒙古黄金史》《蒙古源流》，记录了蒙古人从起源、兴起到蒙古帝国乃至北元时期的发展历史，反映了当时蒙古宗教、文学、习俗、医学及社会制度等方面的情况。而藏族的《格萨尔》、蒙古族的《江格尔》和柯尔克孜族的《玛纳斯》等，是这些民族的民族志资料，既反映了这些民族对世界和人类自身的认识，表现了民族的认知分类系统，同时还展现了人们的生活、生产活动、宗教信仰和社会制度。

## 二、古代中国人类学的先驱

在古代中国，一些思想家、历史学家和医学家不仅建构了自身的学术思想，还在他们的著述中体现了人类学的知识，从而成为古代中国人类学的先驱。

**孔子（公元前551年—公元前479年）**

孔子，名丘，字仲尼，春秋末期鲁国陬邑（今山东曲阜）人，中国古代思想家、教育家，儒家学派创始人。孔子开创了私人讲学的风气，倡导仁、义、礼、智、信。他曾带领部分弟子周游列国前后达十三年，晚年修订《诗》《书》《礼》《乐》《易》《春秋》六经。孔子不仅是个史学家，还是个考古学家。而他作为一个教育家，主张“有教无类”“经邦济世”的教育观，“因材施教”“启发式”的方法论，注重童蒙、启蒙教育的思想，可以称作中国教育人类学鼻祖。

**司马迁（公元前145年—公元前90年）**

司马迁，字子长，夏阳（今陕西韩城南）人，西汉史学家。他以“究天人之际，通古今之变，成一家之言”的史识创作了中国第一部纪传体通史——《史记》(原名《太史公书》)，被公认为是中国史书的典范。该书记载了从上古传说中的黄帝时期到汉武帝元狩元年长达3000多年的历史。《史记》中的《匈奴列传》《西南夷列传》可称得上是较早对少数民族的人类学研究。司马迁既是史学家，也是一个考古学家。他的考古工作有对古遗址、古墓葬的调查和对古器物、货币、古文字的研究以及对逸闻轶事的调查等。

**李时珍（1518—1593年）**

李时珍，明代杰出医药学家。字东璧，蕲州（今湖北蕲春）人。自嘉靖三十一年（1552年）至万历六年（1578年)，历时二十七载，三易其稿，著成《本草纲目》五十二卷。其总例为“不分三品，惟逐各部；物以类从，目随纲举”。其中以部为“纲”，以类为“目”，计分十六部（水、火、土、金石、草、谷、菜、果、木、服器、虫、鳞、介、禽、兽、人）六十类。各部按“从微至巨”“从贱至贵”，既便于检索，又体现出生物进化发展思想，集古代药物学著作之大成。这部著作对植物药物的来源、生长习性、采集方法、药用价值及方剂等做了详尽考证。这部著作早于现代西方学术界提出“植物人类学”或“族群植物学”等术语数百年。

## 第二节　近现代中国人类学的建立与发展

一般认为，人类学被引入中国已经有一百多年了。[①]人类学在被引入中国的同时，也开始了它的本土化过程。

### 一、清朝末期的中国人类学

人类学被引入中国，其实是有时代背景的。1840年西方殖民者打开了中国大门，迫使中国变成半殖民地半封建的国家。在这个时期的中国，西方学科的引进并不是在一种平等的文化互动下进行的，而是近代以来饱受侵略的古老中华文化在强势的西方文明咄咄逼人下，不得不作出的一种自强选择。与其他学科一样，人类学被当作建构现代国家的可能之工具引入中国。

#### （一）早期人类学著作的翻译、著述与解说

人类学理论与知识进入中国是从翻译人类学著作开始的。由于中国在晚晴时期受到了西方列强的入侵，原本富强的国家逐渐开始衰弱与贫困，促使中国上上下下掀起了自强的运动。从洋务运动的中体西用，到维新派的戊戌变法，再到资产阶级革命派的辛亥革命，国人对西方的认识逐渐深入到其背后的社会制度层面，进而到学术思想。一些学者觉得，西方文明的发达在于其思维和观念的变化。作为人类学第一个学科范式的进化论和与之相关的种族概念，成为当时学术思想引进和传播的主流。

在学者对进化论思想的译介和传播中，尤以严复贡献巨大。1898年，严复节译赫胥黎的《进化论与伦理学》，由慎始基斋刊出木刻本，定名为《天演论》。在

① 学者认为从严复翻译和出版《天演论》（1898年）算起，人类学开始进入中国。参见张寿祺：《中国早期的人类学与中山大学对人类学的贡献》，载中山大学人类学系编：《梁钊韬与人类学》，中山大学出版社，1991年。

序言中，严复称自己翻译此书的目的在于为国人提供一种观察问题的新方法，使人懂得“适者生存，不适者淘汰”的道理。严复《天演论》的出版成为人类学传入中国的一个标志性事件。此后，严复又翻译出版了斯宾塞的代表作《社会学研究》的前两篇“贬愚”和“倡学”，发表在《国闻报》。1904年，商务印书馆出版了严复翻译的英国人甄克思的《政治小史》。严复在自序中对图腾、宗法等方面的进化和发展问题进行了讨论，认为人类的进化经历图腾社会，然后是宗法社会，最后才出现国家。严复还强调，这种进化顺序如同四季更替和人的成长过程一样，尽管有缓慢的差别，但这种顺序不能打乱。

《天演论》出版后开启了国人的思想，一些学者纷纷加入探讨的行列。梁启超对进化论思想的传播着力甚多。梁启超先后发表《文野三界之别》《天演学初祖达尔文至学说及其略传》和《论学术之势力左右世界》等文，对达尔文的生平进行了详细的介绍，并以生物进化论来解释社会发展，把富国图强作为中国的出路。刘师培1903年出版《中国民族志》一书，以“物竞天择”的进化论观点来分析中国古代文献资料，以说明中国历史上诸民族的分布、兴衰及其同化，并对中国原始社会分期、母系制在中国的存在、父权制的建立、私有制的产生等问题有所见解。

与进化理论的传播几乎同步，种族、民族概念被引入中国。其原因是“强国保种”的民族情绪在晚清时期兴起，以应付西方列强对中国的瓜分狂潮。清光绪年间进士王树楠1898年写成《欧洲族类源流略》一书，简介世界各国民族的起源和发展。而京师京华书局出版了署名“抱咫斋杂著”的《中国人种考原》。该书认为中国人种可分为五种，即满、汉、蒙、回、藏，并对各民族进行族源考证。学者章太炎发表《序种姓》一文，不仅考察了中国古代的各民族及姓氏的由来，论及中国古代的母系制、私有制的产生等当时西方人类学关心的重要问题，同时对西方人类学有关种族和民族起源的知识进行了简略介绍和评论。

有关文化进化和种族的著述和讨论，有助于西方人类学学术思想在中国社会上的广泛普及，也使得学术著作的翻译中出现了一些学科完整意义上的人类学专门之作，如1902年上海广智书局出版的萨瑞翻译的日本学者贺长雄原著的《族制进化》；1903年出版的林纾和魏易合作翻译的《民种学》；章太炎翻译的日本社会学家岸本能武太的《社会学》；闽学会在其刊物《闽学会丛刊》登载的鸟居龙藏《人种志》的译文；涂尔干的《社会学方法论》；德国学者缪勒利尔的《社会进化史》；韦斯特马克的《人类婚姻史》等著作。这些著译活动，使中国的知识界了解了进化论等新的学术思想，为近现代人类学的建立和发展奠定了较扎实的思想基础。

### （二）人类学教学机构的建立和早期的学术调研活动

人类学及其相关知识被翻译、介绍和传入后，为了用其解释和理解世界，人们开始考虑并着手从事有关知识的系统化传授。而中国的早期人类学者也初步开展了一些相关的学术和调研工作。

1. 人类学相关教学机构和课程的设置

1903年，清政府学部所颁布《奏定大学堂章程》，将人种学列入国史及西洋史两门课程中。王国维在1906年曾指出，在大学中可以设经学、理学、史学、国文学和外国文学五科，其中史学科课程应包括人类学。随后，北京大学、厦门大学，以及一些教会学校也进行了人类学的教学和调查研究。

2. 外国学者在中国的早期人类学调研活动

与中国国内人类学处于稚嫩阶段相比，19世纪末20世纪初一些外国学者、官员和传教士曾在中国境内进行了大量的调查，取得了许多成果，对中国人类学的发展起到了很大的推动作用。如日本人类学的创始人鸟居龙藏曾于1895年、1902年、1906年和1908年前往中国西南、东北以及台湾地区进行调查，事后编写了《中国西南部人类学问题》《苗族调查报告》等。日本人在入侵中国东北之前，已经在中国东北、内蒙古、西北等地进行调查并收集各种资料，从1907—1909年到旅顺、大连、金州等地调研，后在1913年陆续出版了名为《满洲旧惯调查报告书》9册，以及以中国民族与文化为研究或记载对象的游记、方志、调查报告等。德国地质学家李希霍芬（Ferdimand von Richthofen）于1868—1872年到中国调查地形和矿产资源，收集各方面地质资料，足迹遍及东北、华北、华中、华西和华南等地；后著成《中国旅行记和调查报告》第一卷，以后陆续出版，前后共计36卷。此外，前往中国边境少数民族地区进行考古和历史专题考察的西方和日本学者，如伯希和、白鸟库吉、羽田亨等，对各族民族文化事项都比较注意，因而在其著作中亦有可参考的资料。

此外，一些西方传教士在从事宗教活动的同时，也对中国各民族的生活情况和文化进行了调查和记录。如在福州地区活动的公理会教士卢公明（J. Doolittle）

所著的《华人的社会生活》、明恩溥（A. H. Smith）的《中国的文明》《中国人的特质》和《中国农村的生活：社会学研究》等许多著作。法国耶稣会教士桑志华（Emile Licent）在中国致力于标本的搜集工作，足迹遍及冀、鲁、豫、晋、陕、甘、内蒙、东北南部和西藏东部，行程数万里，采集了大量资料，其中有不少人类学资料。

西方和日本学者对中国族群和文化的记录及研究，成为西方文化想象东方的凭据。而对中国人类学的发展来讲，这些外国学者在中国开展的研究，一方面为中国的人类学田野开展提供了一种研究模式，起到了很好的示范作用；另一方面则是激发了一些具有民族主义意识的中国学者的自强精神。①

## 二、民国时期的中国人类学

1911年辛亥革命推翻了清王朝的统治，中国开始进入一个新的时期。人类学学科的发展也进入了新的阶段。在民国时期，即1912—1949年，中国的人类学发展主要表现在学术机构纷纷成立、大学相继开办与其相关的课程，以及在一些学者的领导下开展田野调查，并形成了地域性的人类学理论学派。

### （一）人类学相关教学机构和课程的出现

北京大学于2016年开设了社会学班，由章太炎的门生康心孚担任教授。1917年，北京大学哲学门通科（一、二年级）开设人类学课程，专科（三、四年级）开设社会学，特别演讲包括孔德派、斯宾塞、进化论等题目；史学门通科开设人种学即人类学、社会学，特别演讲包括中国人种及社会研究、苗族之考证、中国古代文明与巴比伦文明之比较等；理科地质矿物学门专科开设人种学。

厦门大学于1922年开设社会学课程，随后设立了历史社会学系。1922年和1924年，厦门大学先后招收两届本科学生，林惠祥即为该校的第一届唯一一名毕业生。厦门大学成立国学研究院，其中设有社会调查（礼俗方言）组、闽南文化研究组等。国学研究院对有关苗族、瑶族的生活状况等资料感兴趣，曾有周刊发布启事征集。该院还征求福建汉族、回族等各民族的家谱。

---

① 胡鸿保主编《中国人类学史》，中国人民大学出版社，2006年，第44页。

1923年，南开大学的文科分科中首次出现了人类学系，开设人类学和进化史两门课程，从而开了中国学术机构设置人类学系之先河。该系还聘请当时回国的李济担任人类学教授，教授社会学概要、人类学概要等课程。

清华大学于1917年开设了社会学课程，由美国人狄特曼（C. G. Ditimer）讲授社会学与社会起源。李济转聘清华大学后，在清华国学研究院担任人类学、考古学讲师，招收了人类学专业中国人种考方向的研究生，有关课程以体质人类学、考古学为主。

在20世纪最初的20年里，一些西方教会在中国办的大学陆续开始教授人类学和社会学等。1914年，沪江大学成立社会学，开设社会学课程。1915年，社会学系改为社会科学系，课程增至5门，包括人类学、社会学、社会制度、社会病理学及社会调查。燕京大学则由四所教会学校合并而来。

### （二）学术研究机构和人类学博物馆的建立

1. 学术研究机构的建立

20世纪20年代，为了适应政府的政策，作为民族国家自我构建的重要知识手段，社会科学学科体系的设置得到重视，中国人类学开始跻身学术界，相继成立了专门的学术机构。

（1）中山大学语言历史研究所

该所是国内最早的人类学研究机构，成立于1927年，从一开始就拟定综合考古、语言、历史和民俗诸学科在内的研究计划，将人类学作为重要内容。1937年暑期，该所开始招收人类学、民族文化、民族学等方向的研究生。研究生除在导师指导下研究各自课题外，还有较大规模的集体研究工作，如进行广东及邻省的民俗和人类学材料征集、创设人类学馆等。

（2）国立中央研究院社会科学研究所民族学组

国立中央研究院社会科学研究所是1928年3月正式成立的。该所是20世纪30年代中期中国最主要的人类学研究机构。该所地址在上海，成立时分为四组，其中第一组是民族学组，组长由蔡元培担任。成员有从法国学习回来的专任研究员凌纯生、德国籍的研究员颜复礼（F. Jager），以及商承祖、林惠祥。民族学组最初在南京办公，1929年才迁至上海。对苗、瑶等民族的调查和筹设民族学博物馆是民族学组的主要任务。[①]

（3）国立中央研究院历史语言研究所

1928年3月，国立中央研究院在广州设立历史语言研究所，最初设于广州柏园。根据该所章程，所内先后设八个组，其中第七组是人类学及民物学组。在启动之初，主要以史禄国为主，另有特约研究员辛树帜、特约编辑员容肇祖等负责收集各种民族标本，还有若干助理员。史禄国的研究主要侧重体质人类学的部分。他曾在广州进行华南人体发育研究，并对学生和士兵进行过体质数据的测量，随后写出了《中国人体发育论》和《中国南方人类学》。研究所的人类学及民物学组还陆续购进广西、云南、越南等地各项服饰用物，收集了部分民族文物资料。1929年5月，历史语言研究所迁到北平（今北京），研究机构调整为历史学、语言学和考古学三组，人类学最先放在考古学组，组长由美国哈佛大学人类学博士李济担任。考古学组成立伊始，曾进行过安阳殷墟发掘，对山东人进行过体质人类学研究。1934年，原社会科学研究所民族学组改为历史语言研究所第四组，改称人类学组。在吴定良的领导下，人类学组特别加强了体质人类学的研究。

2. 人类学博物馆的建立

建立人类学博物馆是中国人类学者的追求，因为人类学者是“一个有博物馆的社会学科学家”。20世纪30年代，中国的人类学者及其研究机构建立了林林总总的标本室、陈列室，也建立了颇具规模的人类学博物馆。

（1）国立中央研究院社会科学研究所的民族学标本陈列室

1929年，国立中央研究院社会科学研究所的民族学标本陈列室已经建立，存有广西瑶族、台湾高山族、四川彝族标本3类近200种，以后又增加了赫哲族等族标本。该所聘请了德国著名人类学者但采尔博士（Dr. Danzel）为专任研究员，并请他代为搜集非洲、大洋洲、美洲民族的标本。到1948年，民族学组历次调查收集文物共计有1500余件。

（2）厦门大学人类学陈列室（所）

厦门大学国学研究院很早就开始多方搜求文物，存于生物学院古物陈列室。1933年，古物陈列室改名为文化陈列所，其中藏品的第二部分即为人类学部，内

① 欧阳哲生编《傅斯年全集》(第6卷)，湖南教育出版社，2003年，第44页。

分“台湾番（高山）族”标本、其他（南洋、西藏）标本和民俗3部，除残品外共有276件。1934年，林惠祥和新加坡督学陈育崧发起筹办厦门人类学陈列所，并与厦大文化陈列所合作举办展览会，当时有武器、服饰、艺术品、宗教品、器具、史前遗物等展品214种300余件。1947年11月，林惠祥还将在南洋收集的文物捐给厦门大学，并在1948年与庄为玑等厦门大学历史系师生在南安县发现诸多史前遗留下来的事锛、古砖、陶片、石刻、石雕等，进一步丰富了藏品内容。

（3）大夏大学陈列室

大夏大学于1931年成立社会学研究室，收集如图腾模型和原始民族用具等实际材料及调查图表。抗战期间，大夏大学迁到贵阳后成立了“苗夷文物陈列室”，共征集苗族文物1000余件，在贵阳举办了3次民众文物展览。[①]吴泽林先生在大夏大学搜集文物方面贡献颇大。

（4）华西协和大学博物馆

华西协和大学历来重视人类学实物标本的收集。1932年该校以原博物馆为基础成立了博物馆，注重对中国西部古物及边境各族文物的搜集。1936年该馆已搜集藏族、苗族、羌族、彝族等民族文物3400多件。1941年，该博物馆成立研究室，并加快了搜集文物的工作，共搜集古物美术品、边民文物和西藏标本3类藏品共3万余件。其中边民文物以苗族、羌族、彝族等民族的文物最为丰富，包括日常用具、武器、乐器、宗教器物、民族文字文献等诸多种类，且多为制作精品，仅民族挑花艺品就有800多件。此外，还有西南其他民族和国外其他民族的部分文物，西藏标本有喇嘛教器物、日常用品、乐器、酒器、装饰品等，是当时西藏文物搜集最多的单位。

此外，岭南大学、浙江大学、中山大学、南开大学等也都有专门的收藏，如岭南大学博物馆人类方物部搜集有藏品18类58件，包括东南亚各国、美洲、非洲、朝鲜等地文物，以及西藏、两广和各省文物和工艺品。[②]

### （三）田野调查的启动与进行

田野工作被戏称为人类学者的“成年礼”，有无田野工作的经历，常常被用

① 陈国钧：《大夏大学社会研究工作部工作述要》，《贵州苗夷社会研究》，贵州文通书局，1942年。

② 岭南大学：《私立岭南大学概况》，岭南大学，1934年。

作评判一个人类学者合格与否的标准。自人类学理论被引入中国后，中国人1928年开始独立进行最早的人类学调查，至第二次世界大战期间和第二次世界大战后在中国西南的调查，积累了大量的民族志素材，奠定了中国人类学发展的坚实基础。

1. 广东、海南和广西的田野调查

最先开始尝试进行田野工作的是中山大学对粤北瑶族的调研。1928年3月，在容肇祖的建议下，中山大学语言历史研究所邀请在广州为广东国民党委员会议跳舞的粤北瑶族到中大跳舞，并由容肇祖和钟敬文对他们的风俗习惯顺带做了一个大致的调查了解。通过调查，研究者们有了初步的“地方性知识”的启蒙。

陈序经和伍锐麟对广州地区的疍民进行调查。他们首先对沙南疍民及其家庭的历史、人口、经济情况等进行逐户调查，收集了大量的资料。后来，又再度由广州至三水，再从河口至肇庆等地，调查了西江一带疍民的生活状况，发表了《三水河口疍民调查报告》。1932年，罗香林陪同国立中央研究院的许文生博士到粤北进行体质人类学调查。

1935年，杨成志带领中山大学文科研究所的师生进行了广东瑶族的调查，完成《广东北江瑶人调查研究专号》，对广东瑶族的体质类型、历史、经济生活、农作情况、宗教信仰、房屋、工具、服饰、传说与歌谣等进行叙述。[①]

1934年，刘咸率海南生物科学考察团人种学组，前往海南黎族地区调查两个多月，除进行人体测量外，还对民情风俗、生活习惯、精神文化、物质文明进行观察，并采集黎人的饮食、衣、住、行等方面的各种民物标本200余件。[②]1937年，岭南大学西南社会调查所对海南黎族、苗族进行了4个月的较大规模调查，收集到黎族、苗族物品多种，拍摄照片数百张。

1928年夏，国立中央研究院社会科学研究所派遣颜复礼与专任编辑员商承祖随地质研究所和主要研究员联合组成的广西科学调查团，前往广西进行对瑶族的调查。调查点主要集中在广西凌云一带，调查的内容有广西概况，凌云瑶族的语言、来源，以及凌云瑶族与广东韶州瑶族的关系，瑶族分布的状况等。这次广西的调查进行了6个月之久，收集到苗族和瑶族文物30多件，后来陆续展示照片70

---

① 中山大学文科研究所编《广东江北瑶人调查报告》,《民俗》1937年第3期。

② 刘咸:《海南岛各黎人文身之研究》,《科学》1936年第12期。

余张，调查结束后整理出《广西凌云瑶人调查报告》，并在国立中央研究院社会科学研究所专刊第2号刊出。

1935年8月，费孝通与其妻子王同慧赴广西金秀瑶山进行瑶族调查，主要进行社会组织、体质测量等研究。王同慧不幸溺水而亡，成为中国人类学学界在田野调查中死亡的第一人。后来，费孝通根据王同慧调查的遗稿，编写出《花篮瑶社会组织》一书。此外，徐益棠在广西大腾瑶山进行过一些细致的调查，随后发表了研究广西象平县瑶族的一组论文，涉及经济生活、生死习俗、房屋、占卜符咒、法律、宗教等。

2. 东北、华东、华北、山东、江苏和湘西的调查

1929年，凌纯生和商承祖前往东北松花江下游对赫哲族进行调查近3个月，获得大量标本和资料，编成《松花江下游的赫哲族》一书，这是中国人类学者所编著的第一部科学的民族志。

最早对华东地区畲民进行调查的是在上海同济大学任教的德国学者史图博（H. Stubel）。他曾在以景宁为中心的畲民居住区进行民族志调查，其内容包括饮食服饰、婚俗礼俗、奉先祭祖、敬事鬼神、语言民歌和氏姓传说等方面，并写出《浙江景宁木山畲民调查记》。中央大学何联奎于1932—1933年对浙东10多个县的畲族进行调查，撰写了《畲民的图腾崇拜》《畲民的地理分布》等论文。1934年，凌纯声、芮逸夫、勇士衡等考察了浙江畲民生活状况及社会情形。

自1930年起，燕京大学社会学系在北京清河镇建立实验区，先后由许仕廉、步济时、张鸿均、杨开道、赵承信、吴文藻等亲自主持或指导调查，进行了对社会组织、社会结构、婚姻、亲属关系、文化延续、市集等方面的参与观察等，最后的调查结果由黄迪综合整理成《清河镇社区》。李景汉所主持的长达七年之久的定县社会调查，成为乡村建设运动中“定县经验”的主要内容。他所撰写的《定县社会概况调查》被认为是中国当时“最成熟的社会调查”，至今仍是国外研究旧中国社会问题的必备读物。

曾在燕京大学社会学系就读研究生的杨懋春，运用社区研究法对家乡山东省胶县台头村进行调查，以一个本土研究者的视角，描绘出一个完整的乡村生活画面。从初级群体（家庭）中个体之间的相互关系出发，扩展至次级群体（村庄）中家庭之间的相互关系，最后扩展至一个大的地区（乡镇）中次级群体之间的相互关系，将乡土中国还原于它的文化和背景中，从而促进了乡土中国的生动描

绘，被美国人类学者林顿（R. Linton）高度评价为不仅是有关中国乡村最成功的研究之一，还是本土人类学研究迈出的重要一步。

1935年5月，国立中央研究院社会科学研究所研究员凌纯声、助理研究员芮逸夫、技术员勇士衡前往湘西的凤凰、乾城、永绥三县地区考察苗族、瑶族诸民族生活状况及社会情形。凌纯声负责苗疆地理、苗人生活、习俗、鼓舞等方面的研究，芮逸夫负责语言、歌谣、故事的收集和研究，勇士衡专事照相、拍摄电影和绘图，从而留下了最早的运用影视手段记录的人类学资料。调查时间持续了近3个月，后由石启贵等进行补充调查，整理为《湘西苗族调查报告》，由商务印书馆出版。

1936年，费孝通前往江苏吴江县开弦弓村（今属苏州市吴江区七都镇）进行了1个多月的调查，写成《江村经济》一书，运用功能主义的思路和规范的社会人类学方法，从农民的实际生产和生活过程入手，探索在一个经历着巨大变迁的村落中经济体系的特定地理环境及社会结构的关系。该书被认为是人类学实地调查和理论发展中的里程碑式著作。

3. 西部、西南地区的调查

西部、西南地区调查，应该是抗日战争期间中国人类学的一个学术调研活动高潮，也是中国人类学发展的黄金时期。

（1）西部地区的调查

1938年，李安宅和夫人于世玉不远千里辗转进入甘肃，前往拉卜楞地区从事藏族文化促进工作和社会人类学实地调查，时间长达3年之久，创下中国人类学田野调查的时间之最。1941年4月，甘肃拉卜楞寺巡回施教队实验组还以拉卜楞地区寺庙、家庭、机关等为对象进行调查。参加此次调查的俞湘文女士在此后将调查加以整理，出版成《西北游牧藏区之社会调查》一书。

时任四川大学教授的冯汉骥率先开展对岷江上游的松藩、理番和茂汶地区的调查与研究。1937年冯汉骥回国后不久，便只身前往这些地区考察当地的羌族社会，以探讨西南古代民族与北方草原民族的联系。后来，冯汉骥还对西康地区的民族作了分类。1938年暑期，金陵大学社会学系的柯象峰、徐益棠在西康建省委员会资助下，调查西康社会经济、物产、文化和民族生活情形。1939年，柯象峰带领社会学系学生到峨边县进行为期1个月的彝族社会生活调查，以政治、经济、社会、社会组织等为重点，还参与观察了当地的婚丧祭礼和度岁习俗。[1]1941年，国立中央研究院历史语言研究所与中央博物院筹备处合作组成川康民族文化考察团，由凌纯生任团长，国立中央研究院副研究员芮逸夫和中央博物馆筹备处专员马长寿为专员，另有技术员和团员各一名。川康民族文化考察主要调查生活在四川西北及西康东北一带的羌、彝、藏等族的政治、经济、宗教、生活状况、社会情形等，研究各族婚丧制度、生活习惯及文化，搜集相关的物品标本。在李安宅的主持下，华西大学边疆文化研究所也到川康藏区进行调查。1943年，任职于华西大学的于式玉、蒋旨昂到四川西部的汶川、黑水、理县等地调查。同年暑期，林耀华与胡良珍等深入川、康、滇交界的大小凉山地区的彝族地区调查，越年著成《凉山夷家》一书。在此期间，马长寿也先后两次深入大小凉山地区，考察记录了彝族的语言、社会阶级、物质文化、宗教信仰、生活习惯等各方面的情况，搜集各种彝族文化，写出数十万字的《凉山罗夷考察报告》。此外，江应樑曾前往四川马边、雷波和云南彝族地区进行调查，回来后写出《凉山彝族的奴隶制度》。

1944年，由杨兆钧率领的西北大学边疆考察团，选定拉卜楞寺作为佛教文化、语言、习俗调查区，并与作为伊斯兰文化、语言调查区的青海循化乡进行比较，收获颇丰。抗战期间，人文地理学家李式金对甘肃、青海、新疆西北地区等地进行了实地调查。同年夏，林耀华前往康定、道孚、炉霍、甘孜调查，涉及藏族的物质文化、阶级关系、婚姻家庭、亲属制度和宗教生活等。

抗战胜利后，尽管许多研究机构和大学纷纷复原，但他们在西部地区的研究和教学使得西部成为中国人类学研究的新区域。西北大学文学院边政系在已有的维文、藏文两组基础上增设蒙文组，以便培养精通民族语言的专门人才。该系的教学和研究则以西北少数民族为重点，包含有以西北少数民族为特定研究对象的政治学、人类学、民族学、地理学、历史学、语言学、宗教学等诸学科内容，成为西北大学最具特色的系。系内还设边政研究室，搜集整理关于西北边疆问题的图书文物，翻译民族学著作，编辑少数民族文字工具书。

（2）西南地区的调查

太平洋战争爆发后，中国的许多大学和研究机构纷纷迁至西南地区，促进了人类学者对西南少数民族的研究。大夏大学社会研究部在吴泽霖的主持下，继续

---

① 林耀华:《社会人类学讲义》，鹭江出版社，2003年，第324页。

加强贵州境内族群的调查。1939年春，研究部受国民政府内政部委托，派人分赴贵州境内安顺、定番、炉山等地实地调查，历时8个月。调查成果后来被编成《安顺县苗夷调查报告书》《炉山县苗夷调查报告书》《定番县苗夷调查报告书》，每本书约20万字，内容详实。1939年教育部西南边疆教育考察团、国立中央研究院、中央博物馆苗族考察团先后到贵州考察。1940年，岑家梧担任大夏大学社会研究部主任后，与陈国钧等对贵州民族进行调查。1940—1942年，国立中央研究院派李方桂、吴定良到贵州研究苗家和仲家的语言及体质。国立中央研究院的芮逸夫也于1942年12月至次年5月对川南与黔滇交界地区的白苗、花苗等苗族支系进行调查。

### （四）区域学科格局的形成及研究方法

随着西方人类学在中国的逐渐本土化，以及西方人类学理论对中国人类学者的冲击，中国的人类学在20世纪三四十年代呈现出鲜明的区域性特征及研究理论方法，形成了华东派、华南派和华北派鼎立的局面。

1. 华东派的特征及研究方法

华东包括南京、上海，是当时全国的政治、经济和文化中心。在这个地区有国立中央研究院、中央大学、金陵大学等院校和中山文化教育馆等研究机构。上海是当时最大的城市，作为华东地区的辅翼，有大夏大学、沪江大学、暨南大学等大学。由于研究和教学机构较为集中，华东地区集中了一批一流学者。在这个地区影响较大的有黄文山、孙本山、凌纯声、徐益棠、卫惠林、吴泽霖、柯象峰、刘咸、芮逸夫、吴定良、游嘉德、何联奎、胡鉴民、胡体乾等。

华东学派在理论方面偏向古典进化论和德奥传播论，研究者强调以族群文化为研究对象，着重搜集传统风俗与历史源流的内容。在具体的人类学研究中，华东派学者都注意从历史资料中吸取有用的东西。在实地调查中，华东派的学者偏向进行民族志描述，主要是因为这一学派的学者大多在国外受田野训练，这使得他们在调查中力求全面搜集资料，既有文化的调查，又兼顾语言、体质、口承传统等方面的内容。

2. 华南派的特征及研究方法

华南，即以广州、厦门为主的地区。华南地区由于处于中国的南大门，受国外的影响较大，较早开始传播新思想和新学。广州的中山大学和岭南大学是这一区域的研究中心，同时又有厦门的厦门大学为辅翼。该区域的学者主要有杨成志、林惠祥、陈序经、罗香林、朱希祖、伍锐麟、徐声金等。

华南派主要受美国人类学历史学派的影响较深，在实际操作中，以体质人类学、考古学、语言学甚至历史学并重，既关注各民族的文化特点和行为模式，又研究各自的体质特点，并特别注意考古、文献资料的运用。在实地调查中，该区域的学者侧重于华南地区的少数民族和客家、疍民等特殊的汉族群体。他们的田野考察相对注重族群文化区域类型的阐释，将人文地理因素的空间分布还原为田野所见现象的历史依据，体现出强烈的进化论、传播论和历史学派的整合色彩。他们还进一步将这种整合式的西方人类学理论方法与国学研究方法融为一体。

3. 华北派的特征及研究方法

华北，即以北京为主的地区。这个地区有燕京大学、清华大学、北京大学、辅仁大学等大学，国立中央研究院历史语言研究所的考古学组一度也设于此。华北派主要以燕京大学为骨干，吴文藻、潘光旦、史禄国、李安宅、费孝通、林耀华等影响较大。

华北派人类学研究最重要的特色在于汉人社区研究，采用的理论偏重功能主义学派，注重将人类学与社会学结合起来进行思考。他们强调社区研究方法的运用，以田野的实际资料和分析研究作为重点，与国外学者进行交流与对话，在国际人类学界影响较大。

华东派、华南派和华北派的出现，其实主要有三方面的原因：一是早期的人类学研究者主要在西方留学。他们各自在西方不同的国家受到不同学派的理论与方法的浸染，即学术培养不尽相同，因此在学术道路上也各有千秋。二是由于地理上的隔阂，加上中国不同时期的战乱造成学术上的信息闭塞，出现了似乎各自为战的情况。三是每个地区政治、经济和文化发展的差异，造成了学术上的多样性。

## 三、中华人民共和国成立后的人类学发展

1949年中华人民共和国的成立，开辟了一个新的时代，一切都从破旧立新开始。人类学作为西方的“舶来品”，自然要进行一场重新定位的洗礼，而当时外交方针的“一边倒”倾向，奠定了新中国人类学的苏联模式的痕迹。“文化大革

命”时期成为人类学发展的转折点。1978年后，随着拨乱反正，人类学逐渐走上正常的发展道路，继续本土化的进程。

### （一）20世纪50—80年代的人类学

中华人民共和国成立后的20世纪50—60年代，人类学的发展经历了艰难的选择。由于人类学队伍大都是由旧社会过来的，主要是受欧美文化教育的知识分子，所以思想改造是他们面临的头等大事。这些受思想改造的人类学者，一方面在写各种思想汇报，一方面也仍然在从事人类学研究。比如林耀华写出了中华人民共和国成立后最早的一批马克思主义观点的人类学著作——《从猿到人的研究》，而费孝通则写出了《关于广西壮族历史的初步推考》这样高水准的研究论文。

除了加强思想改造外，院系调整也对当时的人类学发展造成了一定程度的影响。这种调整在很大程度上是参照苏联的学科体系来进行的。所谓调整就是对原有科系的改造，使之相对适应新的模式。如燕京大学在1951年由中央人民政府教育部接办之后，于当年把社会学系分为两个系；原来的民族学部分分出，建立民族学系，社会学部分则改组为劳动系。民族学系重点在培养民族学教学、研究人员和民族工作干部。另外一种方法是停止招生，撤系并科。如1949年下半年，北京辅仁大学人类学系并入了社会学系；1949年秋，上海暨南大学停办，人类学系并入浙江大学人类学系。从科系建制上看，院系调整后所有人类学系基本上都被取消了。

院系调整后不久，教育部提出“苏联经验中国化”的口号，在全国高校等院校中依照苏联模式开展各项工作。与苏联一样，人类学科学也被分成民族学、语言学、考古学及（体质）人类学四支。换句话说，中国的人类学已被民族学所替代，而在很长一段时间内，人类学实际上仅指体质人类学。

### （二）20世纪80年代以来的中国人类学

1978年后，中国迎来了一个新的发展时期，中国知识界迎来了新的学术春天，而中国的人类学也开始了新的进程，即复兴与发展。1980年4月，上海复旦大学分校（上海大学文学院前身）成立了社会学系；这是重建后的第一个社会学系。秋季，香港中文大学人类学系正式成立。1981年，中山大学复办人类学系。1984年，厦门大学成立人类学系。北京大学社会学系成立于1982年，1985年又建立由费孝通主持的社会学研究所（1992年更名为社会人类学研究所）。

与此同时，1981年5月，首届全国人类学学术讨论会在厦门大学举行，中国人类学学会在厦门成立。之后到1985年的近五年时间里，召开了三届全国人类学学术讨论会，出版了《中国人类学学会通讯》，会员发展到500多人。[①]

在中国人类学的重建过程中，许多老一辈人类学者整理与编辑所研究的书籍，如“民族问题五种丛书”的《中国少数民族》和各族简史，以及宋恩常的《云南少数民族社会调查研究》、詹承绪和王承权的《永宁纳西族的阿注婚姻和母系家庭》、吕光天的《北方民族原始社会形态研究》等。还有一些学者出版了相应的教材，如林耀华主编的《原始社会史》、童恩正的《文化人类学》等。此外，翻译引进国外的人类学著作在80—90年代成为热潮。翻译的作品大致有三类：第一类是教科书，如哈维兰的《当代人类学》、恩帕的《文化的变异》、马林诺夫斯基的《科学的文化理论》等；第二类是西方经典名著，如本尼迪克特的《菊与刀》、列维·施特劳斯的《野心的思维》、米德的《代沟》、施坚雅的《中国农村的市场和社会结构》等；第三类是中国本土早期的名著，如费孝通的《江村经济》、林耀华的《金翼》和李济的《中国民族的形成》。

20世纪80年代以来中国人类学的复兴和发展，经历了曲折的进程，克服了许多障碍。老一辈已逐渐离开，新的有分量的人类学学者还有待出现，传世之作还有待产生；二是人类学遭遇了“正名”或“分与合”的磨难；三是人类学毕业生与社会实际需求的脱节。凡此种种，都不利于人类学的复兴与发展。

## 本章要点

1. 1928年以来，中国人类学学科由创立到初步发展成熟。蔡元培《说民族学》一文的发表，独立的人类学田野调查的开展和专业学术研究机构的成立，成为中国人类学创立的标志。

2. 学界通过将理论探讨与田野相结合，进行了种种学科建构的努力，并最终推动了华南、华东和华北三派的鼎立。

3. 抗日战争的爆发，使得学术研究机构和高校大量西迁，人类学重心向西部

---

① 陈国强:《厦门大学人类学研究所的回顾与展望》,《人类学研究》(试刊号), 1985年。

转移，形成了许多有关西南和西部的民族志成果，并催生出边政学的产生。

4. 20世纪50年代的“民族识别”，对新中国的民族格局和民族政策产生了深远的影响。

## 复习思考题

1. 在现代民族国家的建构中，人类学的引入和发展有何意义?

2. 三大流派各自的学风及其对中国人类学整体特点的形成有何影响?

3. 抗日战争时期人类学研究重心的西移对人类学在中国的发展有何影响?

4. 如何评价新中国的民族识别?

## 推荐阅读书目


1. 胡鸿保主编《中国人类学史》，中国人民大学出版社，2006年。

2. 黄淑娉:《中国人类学流派探溯》//中山大学人类学系编《梁钊韬与人类学》，中山大学出版社，1991年。

3. 凌纯声、林耀华等:《20世纪中国人类学民族学研究方法与方法论》，民族出版社，2004年。

4. 李亦园:《人类学与现代社会》，水牛图书出版公司，1985年。

5. 王建民、张海洋、胡鸿保:《中国民族学史》(下卷)，云南教育出版社，1998年。

# 后　记

本人非人类学科班出身，在大学本科时学的专业是汉语语言文学，硕士时学的专业是民族史，这似乎与人类学有点关系。不过，本人在读博士时又转到亚非语言文学，特别是东南亚文化研究的方向去了。本人之所以编写这本《人类学史》教材，实际上是因为自2006年从暨南大学调到广西民族大学工作后，要给2003级民族学专业学生开设“人类学史”课程，不得不去收集相关资料。换句话说，所编的这本教材实际上是本人自2006年以来在讲授“人类学史”课程的讲义的基础上形成的。

因为本人不是人类学科班出身，所以这本教材中所出现的种种人类学资料及内容，绝大多数来自诸如E. 哈登的《人类学史》、龚佩华的《西方人类学史》、胡鸿保的《中国人类学史》、林耀华的《民族学通论》、庄孔韶的《人类学通论》、托卡列夫的《外国民族学史》、孙秋云的《文化人类学教程》、罗金斯基等的《人类学》、戴裔煊的《西方民族学史》、吴康的《古人类学》和朱泓的《体质人类学》等著作，以及在知网或其他网络上能搜索到的人类学相关论文。人类学或考古的图片也被收入本教材之中。农夫山泉曾有一句脍炙人口的广告语说：“我们不生产水，我们只做大自然的搬运工。”而本人所做的也只是尽可能将收集到的人类学论著的相关内容和资料归类、整理，并整编到这本《人类学史》教材之中。换句话说，该教材并不仅仅属于本人，而应该是所有从事民族学和人类学教学和研究者共有的。

这本《人类学史》教材有一个特点，即能使学生或读者较为清晰地了解人类学发展的历史脉络和人类学所关切的种种问题，以及人类学各学派的主要思想、贡献、代表人物和各自的缺陷。正是每个学派存在的这样或那样的缺陷，也成为后来兴起的另一个学派对前一个学派的批评或批判；而正因为有这种批评或批判的精神，人类学才能得以进步和发展。

在这里，本人要特别感谢第一次聆听“人类学史”课程的2003级民族学专业的同学们，以及后来的2004级一直到2018级民族学和人类学专业的同学们。正是他们在求学期间不厌其烦地聆听本人对“人类学史”课程的种种讲授，才能使本人对编写这本《人类学史》教材有信心。此外，还要感谢广西壮族自治区教育厅在2007年就将本人拟编写的《人类学史》教材项目列入“十一五”期间第一批广西高等学校优秀教材立项建设项目。在此，还要感谢本人所在学院的领导和民族学系同事们的大力支持与资金资助，以及家人帮助查找人类学及其相关资料，为这本《人类学史》教材的编写和出版奠定了基础。

**郑一省**

**于绿城相思湖畔**